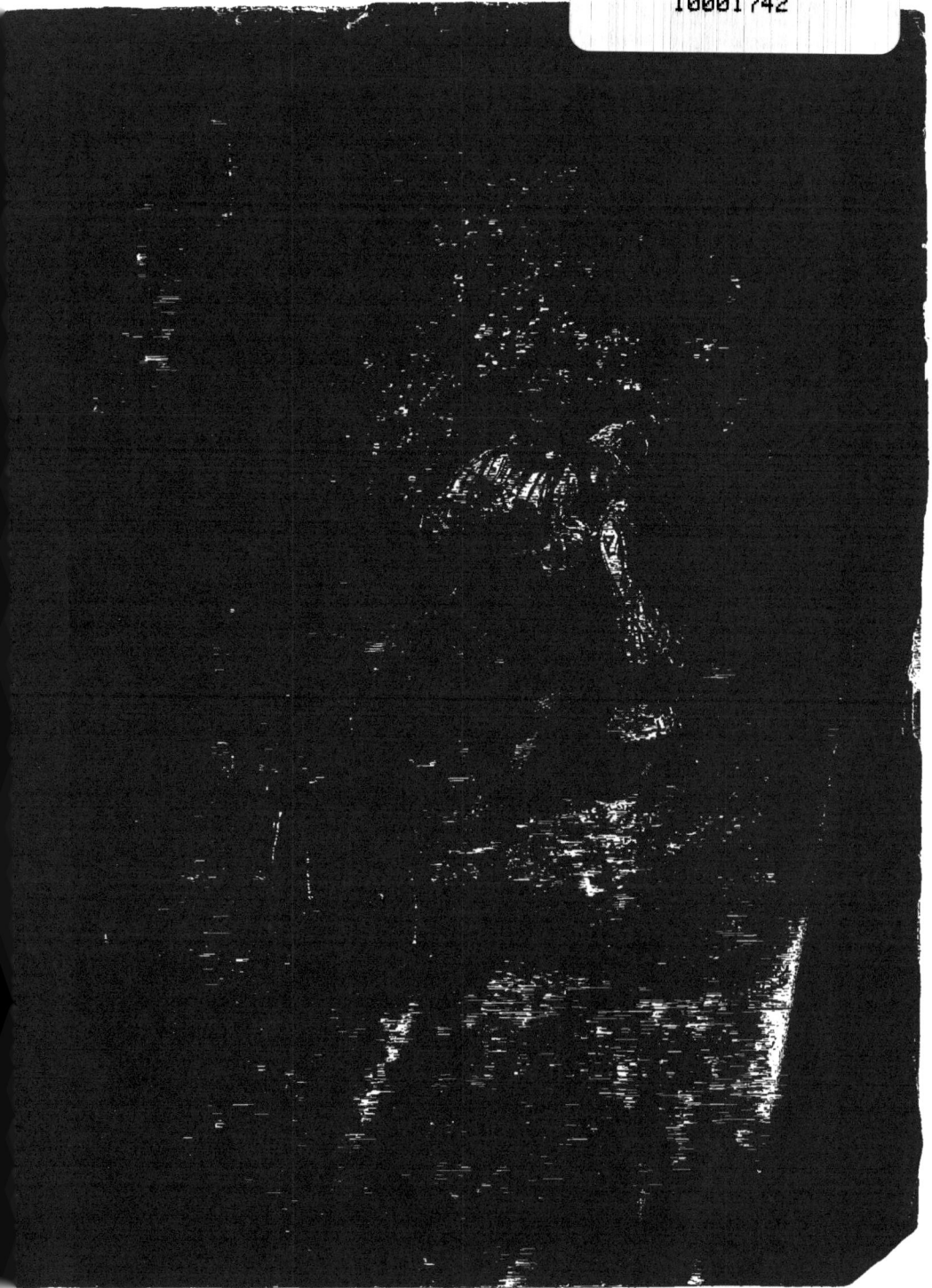

LE JARDIN

DE

MADEMOISELLE JEANNE

LE JARDIN

DE

MADEMOISELLE JEANNE

BOTANIQUE DU VIEUX JARDINIER

PAR

Émile DESBEAUX

Ingénieur agricole, Rédacteur au *Monde illustre*, etc.

DESSINS DE L. DU PATY, GIACOMELLI, MONGINOT ET SCOTT

GRAVURE DE F. MÉAULLE

OUVRAGE COURONNÉ PAR L'ACADÉMIE FRANÇAISE

PARIS

LIBRAIRIE DUCROCQ

CHULLIAT, éditeur

55, RUE DE SEINE, 55

1927

ACADÉMIE FRANÇAISE

EXTRAIT DU RAPPORT
de

M. Camille DOUCET
Secrétaire perpétuel de l'Académie Française

Le JARDIN DE MADEMOISELLE JEANNE *par* Emile DESBEAUX, *est un livre charmant. Intéressant et instructif, cet ouvrage est bon à mettre entre les mains de la jeunesse. Il contient des renseignements curieux et d'utiles notions sur l'histoire naturelle.*

Le JARDIN DE MADEMOISELLE JEANNE *a particulièrement le charme d'une fable touchante qui donne un attrait de plus à ses leçons.*

M. Emile DESBEAUX *se penche avec nous vers la terre, dans le* JARDIN DE MADEMOISELLE JEANNE, *pour montrer de près les moindres êtres de la création, subissant comme l'homme les lois de la vie, ayant en petit les mêmes passions, les mêmes misères.*

... De pareils ouvrages ont, en outre, le mérite de développer l'esprit d'observation. Entre voir et observer la différence est considérable.

Camille DOUCET,
Secrétaire Perpétuel de l'Académie Française.

I

LE CHÂTEAU DE CHANZY.

A quelques kilomètres de Vendôme, la
ville pittoresque du département de Loir-et-
Cher, on remarque un château, dont l'architecture

datant du roi Louis XII, présente une large façade, où la brique s'harmonise artistement et gaiement avec la pierre.

Un parc aux arbres centenaires entoure le château, et dans ce parc, arrosé de nombreux petits cours d'eau, un espace relativement considérable est consacré à un magnifique jardin où toutes les fleurs de France semblent s'être donné rendez-vous.

C'est dans ce château qu'habitait, avec sa famille, Mlle Jeanne de Chanzy.

Jeanne était la plus jeune fille de M. et Mme de Chanzy.

Elle avait une sœur, Mlle Yvonne, qui venait d'atteindre sa dix-huitième année.

C'était la douce et jolie fiancée du neveu d'un vieil ami de la famille.

Le mariage devait se célébrer bientôt, à moins que des événements imprévus ne s'opposassent à ce projet depuis longtemps rêvé.

Jeanne avait neuf ans. Elle était ravissamment blonde, et ses cheveux bouclés se jouaient autour de son front, encadrant par mille caprices un visage charmant de douceur et de bonté. Ses grands yeux lançaient, à travers leurs longs cils d'or, des regards pleins d'intelligence et de malice enfantine.

M. de Chanzy était le type du vrai gentilhomme campagnard. Il se plaisait dans ses terres, aimait l'agriculture, acceptait les progrès de la science qui lui permettaient d'améliorer son domaine et se montrait bon et juste envers ses nombreux serviteurs. Comprenant les bienfaits de la vie des champs, il se tenait à l'écart des mesquines intrigues qui agitent les grandes et les petites villes.

Mme de Chanzy était une aimable femme qui partageait les idées de son mari, comme elle en partageait les joies et les soucis, et qui trouvait son bonheur dans l'éducation de ses enfants.

C'était donc un endroit béni du ciel que le petit coin de terre où s'élevait le château de Chanzy, et ceux qui l'habitaient formaient une heureuse famille où la vie s'écoulait, facile, sans crainte de l'avenir, sans remords du passé, dans la satisfaction paisible des devoirs accomplis.

II

peine est-il sept heures. Un premier soleil de printemps éclaire la chambre à coucher de Mme de Chanzy. Jeanne apparaît dans un rayon d'or qui la caresse. Sa petite frimousse est déjà tout éveillée et doucement rougie par la fraîcheur encore piquante d'une matinée de Mars. Elle est prête à sortir, et elle vient chercher sa petite mère pour aller prendre des nouvelles du vieux jardinier Clément Castor.

Clément Castor avait été victime d'un grave accident. Il était tombé d'une échelle en taillant un arbre fruitier, et il s'était cassé la jambe en deux endroits. Le médecin avait déclaré que le pauvre jardinier serait impotent jusqu'à la fin de ses jours et qu'il demeurerait incapable de reprendre son service actif au château.

Le vieux jardinier était d'autant plus désolé de ce malheur que sa place lui permettait de faire vivre sa bru, Madeleine, restée veuve très jeune, et d'élever son petit-fils François. Clément Castor avait de sérieuses connaissances en horticulture. Il avait été pendant plusieurs années jardinier à l'École de Grignon, et il avait mis à profit tout ce qu'il avait, à la fois, appris et enseigné. Son départ du château eût été une perte réelle pour M. et Mme de Chanzy et aussi pour leur petite fille qui l'avait en grande amitié.

Cela explique pourquoi Jeanne venait chercher sa maman ce matin-là. Elle avait hâte de savoir si Clément Castor se portait mieux que les jours précédents.

Madeleine introduisit Mme de Chanzy et sa fille dans une chambre fort modeste où bientôt le petit François, qui avait aperçu sa grande amie Jeanne, accourut pour jouer avec elle. Mais sa mère le retint par la main pour qu'il ne troublât pas Mme de Chanzy pendant qu'elle causait avec le malade et s'informait de sa santé.

— Le docteur, répondait Clément, m'a affirmé que je n'avais plus que quelques jours à garder le lit... mais le malheur, c'est que je resterai impotent pour le reste de ma vie; cette maudite jambe ne me permettra plus d'aller et de venir, de descendre et de monter, de faire de longues courses et de lourds travaux... Enfin on s'arrangera comme on pourra... à la grâce de Dieu!

Château de Chanzy
de mon jardin

Mon cher petit Jean

J'ai à t'apprendre une grande nouvelle
Papa m'a donné un jardin pour moi
toute seule, un jardin qui est aussi
long et ... age que la cour du
château, pa... donne aussi un jardinier
pour moi tou... le jardinier c'est le
vieux Clément... connais.

Dépêche toi... venir voir combien
mon jardin est... je serai bien contente
de te montrer mes fleurs, mes arbres, mes
...les, mes pet..., le berceau sous lequel
je t'écris. Dis bien à... a maman mon cher
petit Jean que j'attends et que...

— N'oubliez pas, Clément, que vous pouvez compter sur nous, dit Mme de Chanzy; votre place de jardinier en chef vous sera toujours conservée.

A ces mots, Clément remua la tête en ayant l'air de dire qu'il savait bien ce qu'il devait faire et qu'il ne garderait pas une place où il ne serait plus utile. Le vieux jardinier était d'une droiture et d'une fierté bien rares aujourd'hui, mais il avait toujours vécu, guidé par ces deux qualités, et il n'était pas d'âge à les trahir.

Mme de Chanzy connaissait le caractère rigide de l'excellent homme. Elle comprenait qu'il ne fallait pas insister, mais elle ne put s'empêcher de dire :

— Cependant, si vous avez besoin de quoi que ce soit, vous penserez toujours à mon mari et à moi, n'est-ce pas?

Depuis le commencement de cette conversation, la petite Jeanne avait mis sa main dans sa poche; elle l'en retirait à moitié, puis l'y rentrait avec des hésitations visibles; mais, lorsque sa mère eut prononcé sa dernière phrase, Jeanne s'empressa de balbutier, presque en rougissant:

— Et à moi aussi.

En même temps elle tendait à Clément son petit porte-monnaie.

Mme de Chanzy, qui n'avait pu prévoir ni empêcher ce mouvement de Jeanne. tourna les yeux vers Madeleine, la priant d'intervenir auprès de son beau-père afin qu'il excusât l'enfant.

Mais, si Clément était fier, il était aussi très bon. Il fut ému de l'intention de Jeanne, et, tout en lui faisant signe de garder son argent, il la remercia sincèrement de sa bonne pensée.

Après quelques consolantes paroles dites à Madeleine et des souhaits de guérison faits au malade, Mme de Chanzy emmena sa fille, qui ne quitta pas la maisonnette sans avoir embrassé le petit François.

Jeanne, qui n'avait pas compris tout ce qui s'était dit pendant cette entrevue, avait pourtant bien remarqué la douleur peinte sur les traits de Madeleine et de Clément. Elle s'en était étonnée et attristée.

Aussi, chemin faisant, elle dit à Mme de Chanzy :

— Pourquoi donc, petite mère, Clément et Madeleine ont-ils tant de chagrin? Le médecin a cependant assuré que notre vieux jardinier allait bientôt être guéri. Est-ce qu'il se serait trompé, le médecin?

— Non, mon enfant, le chagrin de ces braves gens provient de ce que la blessure de Clément le rend désormais impropre au service du château.

— Après? fit Jeanne qui continuait à ne pas comprendre.

— Après?... Eh bien, ne pouvant plus nous servir, Clément va être obligé de s'en aller, et comme il est loin d'être riche et qu'il a sa bru et son enfant à sa charge, son chagrin et celui de Madeleine s'expliquent aisément.

— Comment! s'écria Jeanne avec une généreuse logique. Comment! on va renvoyer Clément! Mais au contraire, maman, s'il est pauvre, il faut le garder.

— Tu as bon cœur, ma chère Jeannette, et j'en suis très

heureuse, mais tu ne m'as pas bien comprise. Écoute-moi. Non,
ton père ni moi, nous ne renverrons Clément. Mais tu ne connais
pas notre vieux jardinier. Apprends donc qu'il est beaucoup trop
fier pour rester chez des maîtres où il ne serait pas utile et pour
recevoir de l'argent qu'il n'aurait pas gagné!..

Cette réponse fit réfléchir notre héroïne toute la journée et
toute la soirée.

Un grand travail s'opéra dans son petit cerveau, et, à elle
seule, elle conçut le projet que l'on va connaître

III

LA DEMANDE AU PAPA.

Le lendemain matin, après déjeuner, elle se mit à tourner autour de M. de Chanzy qui était en train de lire ses journaux. Elle tourna si longtemps, avec des mines si câlines, qu'elle finit par attirer son attention.

M. de Chanzy mit ses journaux de côté et, prenant sa fillette sur ses genoux, il l'embrassa.

— Voyons, mademoiselle Jeanne, dit-il en souriant, tu as quelque chose à me demander, n'est-ce pas?

Jeanne ne répondait pas, soit par embarras, soit par ruse.

— Allons, parlez, mademoiselle, reprit M de Chanzy.

Alors, elle se décida à dire :

2

— Papa, est-ce que tu es content de moi ?

— Mais, ma chère enfant, tu fais bien tes devoirs, tu apprends tes leçons, tu n'es pas désobéissante, tu es aussi sage que peuvent l'être les petites filles de ton âge, pourquoi ne serais-je pas content de toi ?

— Alors, tu es content de moi ? Il faut répondre, ajouta-t-elle d'un petit air malin, oui ou non.

— Eh bien, oui !

— Alors, m'accorderais-tu ce que je te demanderais ?

— Qu'est-ce que c'est ?...

— Ah ! non, petit père, il ne faut pas me demander d'abord ce que c'est ! Il faut encore me répondre oui ou non.

— Eh bien, oui, répondit en riant M de Chanzy, mais cela est donc bien grave ?

— Très grave !

— Enfin, parle, je t'écoute.

— Eh bien, je voudrais, petit père, dit Jeannette en prenant son courage à deux mains, car, semblable à tous les enfants bien élevés, il lui en coûtait beaucoup de demander quelque chose, je voudrais que tu fusses assez bon pour me donner un jardin... oui... un jardin pour moi toute seule.

— Je ne te comprends pas... Tu as ici à ta disposition un des plus beaux jardins du département. Que te faut-il de plus ?

— Il me faudrait un jardin qui serait pris dans un coin de ce jardin-là, si tu le veux, mais qui deviendrait ma propriété. Il serait entouré d'une clôture pour bien montrer qu'il ne fait pas partie de l'autre jardin. Je serais la maîtresse de le cultiver comme je l'entendrais, les fleurs qui y naîtraient seraient à moi et j'aurais le droit de les donner à qui bon me plairait?

— Voilà une singulière idée! murmura M. de Chanzy sans voir encore où sa petite fille voulait en venir. Eh bien, soit, ajouta-t-il, tu auras ton jardinet. Es-tu contente?

— Pas tout à fait, osa dire Mlle Jeanne, car ce n'est pas un jardinet de poupée que je te demande, c'est un jardin véritable, aussi grand, par exemple,... que la cour du château!

— Mais, ma chère enfant, tu ne pourrais pas cultiver toi-même un jardin comme celui que tu désires. Ce jardin-là, si petit qu'il fût en réalité, aurait besoin d'être arrosé, bêché, sarclé, labouré, et jamais une fillette de ton âge ne viendrait à bout de ces travaux.

Alors Jeannette, baissant les yeux et prenant son petit air le plus naïf du monde, dit :

— En effet, il faudrait pour cela un jardinier.

— Ah! bah! s'écria en souriant M. de Chanzy, il faudrait encore un jardinier, un jardinier spécialement réservé à l'usage de mademoiselle!... Quelle exigence!... Mais, sais-tu, ma Jeannette, qu'un jardinier de cette espèce serait fort difficile à trouver. D'abord, la besogne serait trop mince pour un homme jeune et solide, et ensuite, je ne voudrais pas confier cet emploi au premier venu. Il faudrait rencontrer un homme assez vieux pour accepter ce genre de travaux et assez vigoureux encore pour les exécuter. Et puis je voudrais, pour en faire le jardinier particulier de ma petite fille, un homme sûr, dont j'aurais apprécié déjà les qualités, qui eût été à mon service, en qui j'aurais enfin toute confiance, et, ma foi! je ne vois personne qui réunisse ces conditions.

— Si, papa, fit Jeannette, il y a quelqu'un.

— Qui donc ?

Et alors Mlle Jeanne prononça si doucement, que son père les devina plutôt qu'il ne les entendit, ces deux noms :

— Clément Castor.

M de Chanzy, d'abord étonné, comprit bientôt le généreux sentiment qui avait guidé dans cette affaire sa chère Jeannette, il admira en lui-même l'habile et charmante petite diplomate, et l'embrassant de tout son cœur, il lui dit :

— Oui, mon enfant chérie, je te donne le jardin et je t'accorde le jardinier à une seule condition...

— Laquelle? demanda vivement Jeannette.

— C'est que Clément Castor acceptera cet emploi. A toi maintenant de le décider.

IV

LA PREMIÈRE VISITE AU JARDIN.

eanne sauta de joie, remercia son excellent père et courut chez le vieux jardinier.

Elle l'enjôla par mille petites ruses enfantines ; elle lui dit qu'elle voulait apprendre à cultiver les fleurs ; elle ajouta qu'elle ne pouvait se passer du petit François, et que, s'ils s'en allaient tous, elle tomberait malade de chagrin.

Clément Castor, qui avait vu naître Jeanne et qui, au fond, eût été bien peiné de la quitter, finit par accepter l'emploi si gentiment offert. Et, en acceptant, le brave homme pleurait de joie et de gratitude

Il avait compris, lui aussi, quelle bonté et quelle délicatesse renfermait le cœur de Jeannette.

Jeanne revint apporter à son père la bonne nouvelle, et ils se rendirent ensemble dans le parc pour choisir l'endroit qui s'appellerait désormais :

Le jardin de mademoiselle Jeanne.

M. de Chanzy fit appeler des ouvriers et leur donna les ordres nécessaires pour qu'une clôture fût promptement posée autour de l'espace qu'il venait de délimiter pour sa chère enfant.

Cela fait, il alla à ses travaux, laissant Jeanne, toute fière de son triomphe, contempler son domaine.

Elle allait à petits pas, regardant chaque fleur, chaque plante, remarquant les mauvaises herbes qu'il faudrait arracher, les arbustes qu'on devrait transplanter, la place où l'on formerait une corbeille, cherchant l'endroit où elle ferait élever et couvrir un berceau sous lequel elle viendrait apprendre ses leçons. Elle était enfin toute à l'émotion d'une nouvelle propriétaire, lorsque des bruits de voix se firent entendre au bout de l'allée. Jeanne tourna vivement la tête et reconnut sa grande sœur Yvonne, accompagnée d'un jeune homme.

Jeanne se croisa les bras d'une façon comique et, d'un accent d'autorité, elle leur cria :

— Qui est-ce qui vous a permis d'entrer ici ?

Les deux nouveaux venus se mirent à rire.

— Que signifie ta question ? demanda Yvonne.

— C'est vrai.., tu ne sais pas encore... apprends donc que je suis ici chez moi. Papa m'a donné tout ce grand terrain-là.

C'est ma propriété. Il n'y a que moi qui ai le droit d'y pénétrer, et j'accorderai des permissions à qui me plaira ; vous entendez, monsieur Georges?... ajouta-t-elle, en s'adressant au jeune homme.

Georges, étonné et souriant, s'empressa de demander la permission nécessaire pour visiter le jardin de Mlle Jeanne, et celle-ci, visiblement flattée, voulut bien la lui accorder.

Ils firent alors tous trois ensemble l'inspection complète de la petite propriété, et, pendant cette promenade, Jeanne les mit au courant de ce qui venait de se passer.

Les deux jeunes gens félicitèrent naturellement Jeannette de l'heureuse idée qu'elle avait eue, et l'on se dirigea vers le château, car la cloche venait d'indiquer l'heure du dîner.

Le jeune homme que Mlle Jeanne avait autorisé à visiter son jardin se nommait Georges de Villeray.

C'était le fiancé d'Yvonne

Il ne lui restait pour unique famille qu'un oncle qui l'avait élevé. Aussi l'aimait-il et le respectait-il comme s'il eût été son père.

Cet oncle dirigeait à Paris une importante maison de banque où Georges était intéressé.

Le jeune fiancé était venu passer quelques jours au château, afin de terminer les fiançailles, hâter les préparatifs et fixer la date du mariage.

Georges avait reçu l'éducation et l'instruction d'un homme du monde. Il n'avait qu'un seul défaut, un peu de vanité causée par les succès remportés au collège et dans les divers examens

qu'il avait eus à subir. Il croyait trop souvent qu'il savait tout.
On verra dans le cours de cette histoire qu'il se trompait quelquefois. C'était, en résumé, un charmant garçon au moral
comme au physique. Au moral, il avait le petit défaut déjà
signalé ; au physique, il était un peu myope. Ces deux défauts
étaient peut-être la conséquence l'un de l'autre.

Quand Jeanne, au milieu de sa sœur et de Georges, arriva
dans la salle à manger, M. et Mme de Chanzy s'y trouvaient déjà.

— Vous êtes en retard, dit Mme de Chanzy.

— Il faut nous pardonner, répondit Georges avec le plus
grand sérieux, nous nous sommes attardés à visiter le jardin
de Mlle Jeanne !

Cette réponse fit sourire tout le monde et, pendant le dîner,
il ne fut question que du fameux jardin...

On interrogea Jeanne sur les embellissements, sur les amé-
liorations qu'elle comptait faire, sur les fleurs qu'elle préférait,
sur mille choses encore.

Jeanne répondit qu'elle allait réfléchir à ses devoirs de propriétaire, mais qu'avant tout elle devait attendre la guérison de
Clément Castor.

Celui-ci, devenant son jardinier spécial, serait seul chargé
de la direction du jardin, et naturellement elle n'aurait qu'à
suivre ses excellents conseils.

On approuva Jeannette, qui ne se contentait pas d'être
bonne, mais qui faisait encore preuve de sagesse.

V

LE VER DE TERRE.

Le jardin de Mlle Jeanne est maintenant entouré d'une clôture, qui, elle-même, est munie d'une porte.

Quelques travaux de terrassement suffiront à faire un jardin

charmant de la partie du parc accordée par la générosité de
M de Chanzy.

Les fleurs et les arbres, qui l'ornaient déjà, auraient fait la
parure de jardins beaucoup plus vastes. Les unes et les autres
étaient de belle espèce.

Jeanne attendait impatiemment la guérison de son vieux jardinier. Cette guérison approchait, du reste, à grands pas. La joie
qu'avait ressentie Clément Castor en voyant qu'il pouvait rester
au château d'une façon honorable, et la satisfaction que Madeleine n'avait pas manqué de laisser paraître, furent un remède
salutaire Quelques jours encore, et Clément serait sur pieds...

En attendant, Jeanne visitait constamment son jardin qu'elle
commençait à connaître mètre par mètre... Une fois, elle remarqua une place vide qui faisait disparate. Elle voulut combler ce
vide et se rappela qu'elle avait dans sa chambre un rosier que le
petit François lui avait offert.

Puisqu'elle possédait maintenant un jardin, Jeanne n'avait
plus besoin de fleurs dans sa chambre.

Elle imagina donc d'apporter le rosier dans son jardin et de
le planter en pleine terre à l'endroit dénudé.

Et la voilà, armée d'une bêche, creusant de ses menottes
le trou nécessaire à recevoir la plante; puis, cela fait, elle dépote
doucement le rosier

Mais, à ce moment, quelle n'est pas sa surprise, sa crainte,
sa terreur, en voyant sortir du pot et s'agiter sur le sol en mille
replis une longue bête rouge, qui semble être à ses yeux un
monstrueux serpent!

Jeanne s'arrêta d'abord stupéfaite, puis effarée. Enfin la curiosité l'emporta, et s'assurant que la bête ne faisait pas mine de se
jeter sur elle, elle se mit à la regarder avec une attention profonde.

Cette attention était, en effet, si grande, qu'elle n'entendit
pas son père et Georges de Villeray, qui venaient de s'arrêter
derrière elle.

— Que regardes-tu donc comme cela, immobile? demanda
M. de Chanzy.

Jeanne ne répondit pas, mais, du geste, elle indiquait la bête
et demandait des explications.

Georges sourit.

— Eh bien, c'est un ver de terre, voilà tout! Cela ne vaut
pas la peine que tu t'en occupes, ma petite amie!

— Ah bah! reprit M. de Chanzy, c'est tout ce que vous savez
sur cet animal?

— Ma foi! que voulez-vous que je sache.. Ces bêtes-là ne
servent à rien... Ah! si, pardon, elles servent quelquefois à être
accrochées à un hameçon pour pêcher... On dit encore qu'un jour
ou l'autre nous leur servirons de pâture, et c'est Voltaire qui l'a
écrit :

> Quand la mort met le comble aux maux que j'ai soufferts,
> Le beau soulagement d'être mangé des vers!

— Ce n'est pas mal au point de vue poétique; mais, au point
de vue pratique, votre savoir est bien creux, mon cher ami. Il se
borne au bagage de l'homme du monde, et ce n'est pas suffisant.
Cette bête est plus intéressante que vous ne le croyez, et, si vous

le permettez, je vais expliquer à Jeanne ce que c'est que le ver
de terre.

Georges, un peu confus, s'inclina, et M. de Chanzy reprit la
parole.

— L'animal que tu regardes, ma chère enfant, s'appelle de
son vrai nom le lombric. Son corps est composé d'une suite d'anneaux qui lui permettent de se replier et de se contourner comme
tu pourrais le faire de ma chaîne de montre. Et, chacun de ces
anneaux est vivant, c'est-à-dire qu'il peut respirer et même se
nourrir. Si le malheur veut qu'on coupe à un homme un bras ou
une jambe, ce bras où cette jambe deviennent aussitôt inanimés,
c'est-à-dire sans vie. Mais, si on coupe un lombric en deux ou
plusieurs morceaux, ces morceaux continuent à vivre et à se
mouvoir. Chaque fragment parvient même à reproduire de nouveaux anneaux et à reformer un ver complet.

— Alors, dit Jeanne, c'est comme si l'homme à qui on a
coupé la jambe pouvait se la faire repousser?

— C'est exactement cela! répondit M. de Chanzy, satisfait de
la sagacité de sa fillette.

— Mais eux, reprit Jeanne, ils n'ont pas de jambes. Comment
donc font-ils pour marcher?

— Ils n'ont pas de jambes, c'est vrai; mais ils ont quelque
chose qui les remplace. Chaque anneau est muni de petits poils,
presque invisibles, de petites soies, qui servent de point d'appui
au ver pour se pousser et se mouvoir.

— Dis donc, papa, si on coupait ce ver en deux morceaux...
pour voir?

— Pourquoi faire souffrir inutilement un animal, si bas et si infime qu'il soit?

— Il sentirait donc qu'on lui fait du mal?

— Sans doute, et les lombrics ont même le sens du toucher extrêmement sensible... Tu vas voir...

Et M. de Chanzy effleura doucement le lombric avec un brin d'herbe. Celui-ci se livra aussitôt à mille contorsions, s'agitant d'une façon désespérée.

— Tu vois qu'il a senti que je le touchais. On se sert même de cette sensibilité pour le faire sortir de terre, soit en frappant du pied, soit en enfonçant dans le sol un pieu que l'on remue. La terre vient toucher le lombric, qui sort, effaré, pour voir ce qui se passe. Il existe un oiseau dont tu as mangé quelquefois, le pluvier, qui use de ce stratagème, et qui donne des coups de bec et de griffes contre la terre pour en faire sortir les vers, dont il se régale ensuite.

— Oh! que c'est drôle! s'écria Jeannette.

Georges de Villeray ne put s'empêcher de dire :

— En effet, c'est fort curieux! Mais voulez-vous me permettre, à mon tour, de vous adresser une question, monsieur de Chanzy ?

— Avec plaisir.

— Eh bien, ces vers, que mangent-ils, et comment mangent-ils?

— Mais ils mangent de la terre, et ils mangent avec une bouche que vous pouvez voir à l'extrémité de leur corps. Cette bouche est formée par deux lèvres, et c'est la lèvre supérieure, plus dure et plus proéminente que l'autre, qui leur sert à creuser le trou où ils s'enfoncent. Tenez, comme celui-ci fait en ce moment.

En effet, le ver de terre, profitant de la liberté qu'on lui laissait, était en train de piquer une tête dans le sol.

Jeanne, qui venait de réfléchir, leva la tête et posa cette question très naturelle :

— S'ils n'ont qu'une bouche, comment font, pour manger, les morceaux qu'on a coupés et où il n'y a pas de bouche?

— La terre pénètre dans leur corps au travers de leur peau en attendant que leur bouche se soit reformée.

— Enfin, dit Jeanne pour terminer, ce n'est pas une bête méchante?

— Non, mais elle est nuisible, car, en creusant ses trous, elle détruit les graines qu'on a semées et détériore les racines. Aussi ne faut-il pas tuer les animaux qui nous en débarrassent en les mangeant, tels que les taupes, les crapauds, les hérissons et plusieurs espèces d'oiseaux. Voilà, ma chère fillette, ce que j'avais à te dire sur le ver de terre, et je suis bien aise que tu m'aies donné l'occasion de te l'apprendre.

— Ma foi, dit Georges, qui avait pris gaiement son parti, moi aussi, je suis bien aise de le savoir, et je vous en remercie, monsieur de Chanzy. Si la première fois que j'ai demandé, comme aujourd'hui Mlle Jeanne : « Qu'est-ce que c'est que cette bête-là? » on ne m'avait pas répondu tout bonnement : « C'est un ver de terre, » je n'aurais pas mérité aujourd'hui votre aimable leçon.

Georges avait raison en disant ces derniers mots. Si tous les parents pouvaient répondre aux premières questions de leurs enfants, comme venait de le faire M. de Chanzy, ils leur donneraient une instruction aussi facile qu'attrayante.

VI

LE VIEUX JARDINIER EST GUÉRI.

Clément Castor est enfin rétabli. Le docteur lui a permis de faire sa première sortie. Appuyé sur une béquille, il s'est hâté de venir, avec Mlle Jeanne, faire l'inventaire du nouveau jardin confié à ses soins.

Jeannette, toute gaie, tout alerte, va au-devant de lui, s'arrête, revient, lui montre les fleurs qu'elle connaît et les nomme par leurs noms :

— Voilà des lilas... voilà des roses... des œillets... des jasmins... des marguerites...

3

Puis, quand elle ne savait pas, elle interrogeait son jardinier, qui indiquait en les nommant :

— Le pavot... la rose trémière... la pivoine... la tulipe...

Et l'œil exercé du jardinier apercevait autour de ces belles fleurs des herbes poussées là par hasard, telles que les plantains, les dactyles, les bromes, des paturins, du chiendent, des fétuques...

— Ah ! ah ! disait-il, il y aura de l'ouvrage par ici, il faudra sarcler tout ça...

— Sarcler ? qu'est-ce que ça veut dire ? demandait Jeanne.

— Ça signifie arracher les herbes nuisibles que je viens de vous montrer ; il faut les enlever, parce qu'elles prennent une part de la nourriture nécessaire à nos belles fleurs, et qu'elles empêchent l'air et le soleil de pénétrer jusqu'au bas de leurs tiges.

Jeannette ouvrait de grands yeux, tout étonnée.

Clément ajoutait :

— Je vous expliquerai cela, mademoiselle. prenez patience, nous avons le temps. Aujourd'hui, je veux seulement me rendre compte des places où nous établirons nos massifs, où nous formerons nos corbeilles, où nous tracerons de nouvelles allées. Que diriez-vous si nous faisions un petit jardin potager qui vous donnerait de beaux légumes ?

— Je crois bien, s'écriait Jeannette joyeusement, des légumes venus dans mon jardin... ça sera bien bon, n'est-ce pas ?

— Mais oui, et ça vous fera de la bonne soupe.

— Oh ! la soupe ! disait-elle en faisant un peu la grimace, je ne l'aime pas beaucoup,

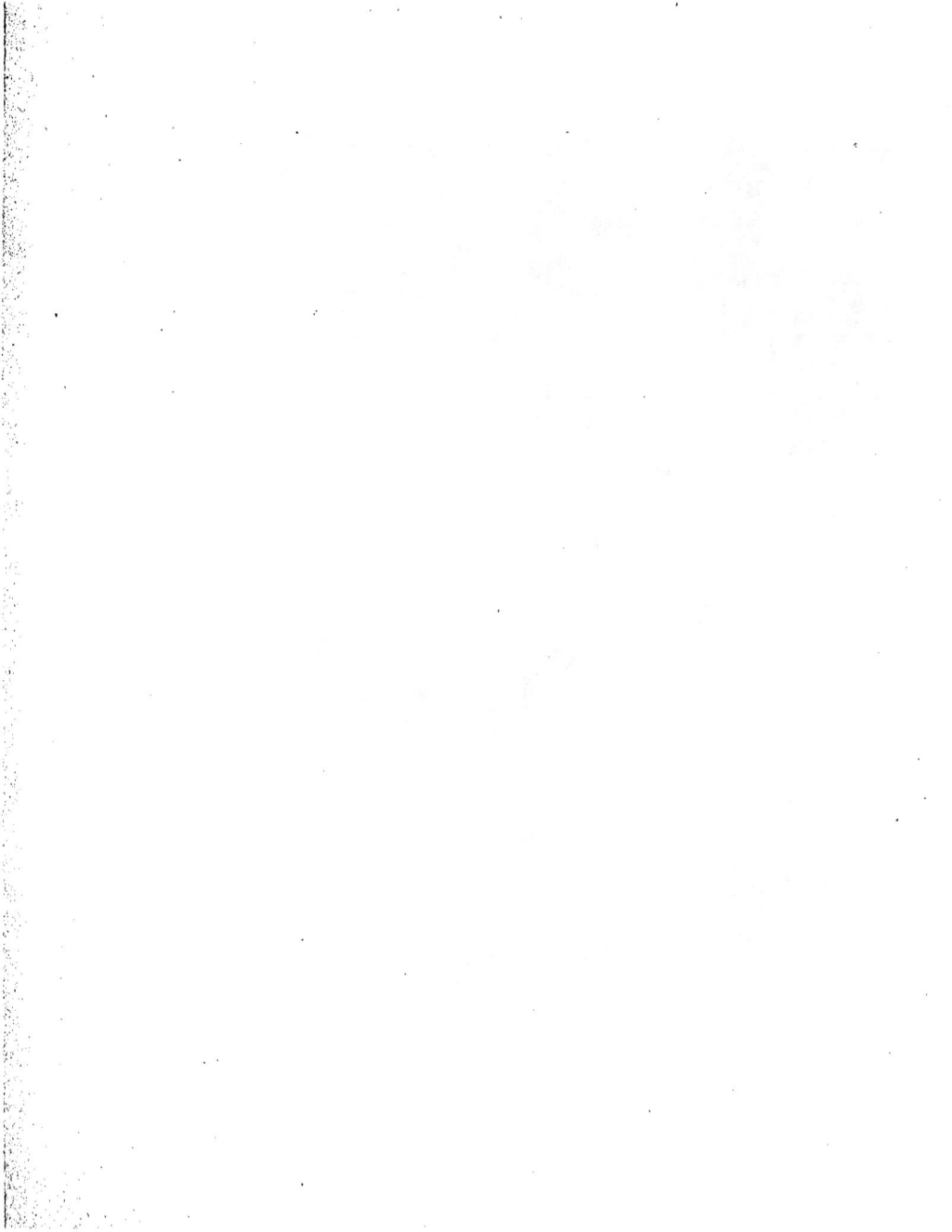

— Mais de la soupe faite avec des légumes de votre jardin?

Et Jeanne reprenait sérieusement :

— C'est vrai. Cette soupe-là doit être bien meilleure.

— Et si M. de Chanzy y consent, je pourrai construire une petite serre pour obtenir les belles plantes qui ne viennent que dans les pays chauds.

— Je le demanderai à papa, et je le prierai tant qu'il y consentira; soyez-en sûr, mon bon Clément.

Le jardinier remarqua qu'il y avait aussi des arbres fruitiers, des pruniers, des cerisiers, des abricotiers, des néfliers, des pommiers, des poiriers. Il y avait aussi un tilleul, un chêne et un marronnier.

Quand il eut fini son inspection, il se frotta les mains de contentement et dit à sa petite maîtresse :

— Mademoiselle, nous vous ferons un beau jardin, je vous en réponds.

— Et vous me raconterez l'histoire de toutes ces fleurs et de tous ces arbres.

— Cette histoire s'appelle la botanique.

— Botanique? dit Jeanne. Pourquoi ça s'appelle-t-il botanique?

— Les savants ont pris ce nom à l'ancienne langue grecque, dans laquelle le mot Botanê veut dire plante.

La botanique vous apprendra comment les plantes naissent, vivent, se reproduisent et meurent, et comment il faut les nourrir, les cultiver et les aimer. Car, voyez-vous, mademoiselle Jeanne, il faut aimer les plantes comme vous aimez vos petits chats et.

vos petits oiseaux. Les plantes sentent, vivent et souffrent comme les animaux.

— Oh! mon bon Clément, dépêchez-vous donc de guérir et de m'apprendre tout ce que vous savez! s'écria Jeanne en embrassant son vieux jardinier, comme si elle voulait le remercier à l'avance du plaisir qu'il lui réservait.

VII

Mlle Jeanne s'empressa de profiter du berceau que Clément, peu à peu revenu à la santé, avait formé au moyen de mille plantes grimpantes.

Elle apporta sur sa petite table de jardin les livres où elle devait apprendre ses leçons, les cahiers où elle devait les écrire, son pupitre et de l'encre, et des porte-plumes, et des règles, et des crayons. Elle apporta aussi du papier à lettres et des enveloppes, car elle avait un projet en tête.

Jeanne avait un petit ami qui demeurait à trois kilomètres environ du château de Chanzy.

Jean était le fils de Mme de Fontane, l'une des amies de Mme de Chanzy. Il venait d'habitude plusieurs fois par semaine faire de bonnes parties avec Jeannette. Mais il avait attrapé un gros rhume en ces derniers temps, et il avait été obligé de garder la chambre.

Il ne savait donc rien de ce qui s'était passé au château de Chanzy. Il ignorait que son amie Jeanne avait maintenant un jardin, un vrai jardin à elle, et c'est cette importante nouvelle que Jeannette avait résolu de lui apprendre.

Elle s'installa donc à son pupitre et commença, en s'appliquant de tout son cœur, la lettre suivante qu'elle data fièrement, comme on va le voir.

CHATEAU DE CHANZY.

De mon jardin.

« Mon cher petit Jean,

« J'ai à t'apprendre une grande nouvelle. Papa m'a donné un jardin pour moi toute seule, un jardin qui est aussi long et aussi large que la cour du château! Papa m'a donné aussi un jardinier pour moi toute seule. Ce jardinier, c'est le vieux Clément que tu connais.

« Dépêche-toi de guérir pour venir voir combien mon jardin est beau. Je serai bien contente de te montrer mes fleurs, mes arbres, mes corbeilles, mes pelouses, le berceau sous lequel je t'écris. Dis bien à ta maman, mon cher petit Jean, que je t'attends et que... »

A ce moment, Jeanne entendit la voix de Mme de Chanzy qui l'appelait.

Elle laissa la lettre sur son pupitre et courut vers l'endroit où se trouvait sa petite mère.

Mais voilà que pendant son absence un bourdonnement monotone se fait tout à coup entendre sous le berceau. Un bruissement d'ailes est venu troubler la retraite de Jeanne Le bruit continue, se prolonge, augmente d'intensité, puis cesse comme par enchantement.

Quelque chose a fait flac! et c'est tout. Que s'est-il donc passé? Regardons!

Au premier abord, nous n'apercevons rien d'insolite. Chaque objet est à la place où Jeanne l'a laissé! Il y a bien quelques éclaboussures au bord de l'encrier, c'est Jeanne qui les aura faites en y trempant sa plume. Pourtant elles sont bien larges et bien nombreuses! Nos regards, attirés vers cet encrier, s'y fixent avec étonnement, on dirait que l'encre est agitée d'un flux et d'un reflux semblable à l'Océan. Mais oui, ce sont des flots, des vagues écumantes! O ciel! le liquide se gonfle et semble prêt à s'échapper de l'encrier comme les laves d'un volcan... Nous ne sommes pas le jouet d'un songe... l'encre monte le long des parois de l'encrier... la voici à niveau.... elle déborde, ô miracle, elle marche! Elle marche encore, toujours, laissant sur son passage des traces ineffaçables... Elle traverse le pupitre en biais et envahit la lettre que Jeanne écrivait au petit Jean... Elle s'arrête. Calmons notre terreur!... Approchons-nous et regardons! .. L'encre se remet en route... mais non, ce n'est pas de l'encre. . c'est... c'est un superbe hanneton!!! Oui, un hanneton, qui, après avoir bourdonné follement dans le berceau, s'est maladroitement laissé tomber dans l'encrier... Après bien des efforts, il est parvenu à en sortir. C'est lui qui agitait cette encre et lui donnait des airs de tempête. C'est lui qui, enveloppé, chargé, aveuglé par le noir liquide, est allé, trébuchant, de l'encrier au pupitre, du pupitre à la lettre!

Sur ces entrefaites, Jeanne revient en courant, joyeuse et pressée de terminer sa lettre à son cher petit Jean.

Mais elle reste interdite. Quel est ce ravage? Quels sont ces dégâts? Et, comme nous tout à l'heure, elle est obligée de reconstituer les faits pour se rendre compte de la catastrophe.

Heureusement Jeannette est patiente et courageuse. Elle répare le désastre apporté par le coléoptère maladroit, à qui elle laisse d'ailleurs la liberté, et recommence avec soin la lettre qui déjà lui a donné tant de peine.

Cette fois, elle la termine sans encombre, en embrassant son petit Jean et en le suppliant de venir voir son jardin le plus tôt possible.

E.Meyer

VIII

LE CRAPAUD.

Il avait plu pendant la nuit. La terre était humide et Jeannette s'était chaussée de mignons sabots pour aller faire à son jardin sa visite habituelle du matin.

Elle se dirigeait vers un rosier qui la veille était couvert de boutons. Elle voulait voir si ces boutons étaient éclos afin de porter à sa petite mère le bouquet le plus pur et le plus embaumé de la terre.

Déjà elle reconnaît l'arbuste. Les roses sont nées; elles semblent aspirer l'air et le soleil, pleines de fierté et de charme.

Jeanne s'avance, elle va cueillir ses chères fleurs...

Soudain elle s'arrête. Son petit corps s'agite dans un frisson de peur et de dégoût. Elle recule instinctivement de quelques pas et regarde.

Un animal qui lui semble effroyable est là, au milieu de l'allée. Il est tranquillement assis sur le sable humide. On croirait qu'il a là la garde du rosier et qu'il veut dire à Jeanne : Tu ne passeras pas!

Ses gros yeux rougeâtres, à fleur de tête, regardent l'enfant qui frémit.

Oh! Jeannette a peur, si peur qu'elle tourne le dos au monstre et s'enfuit, en courant à perdre haleine, chercher du secours auprès de Clément, qui travaille dans un massif voisin.

— Mon Dieu! qu'y-a-t-il donc? s'écrie le vieux jardinier. Comme vous êtes émue, mademoiselle! Que vous est-il arrivé?... Qu'avez-vous rencontré sur votre route?

— Une bête... épouvantable!... murmure Jeannette essoufflée... un monstre!...

— Oh! oh! fit le vieux jardinier en ne pouvant s'empêcher de sourire, allons voir cela!

Il tendit la main à Jeannette, mais celle-ci ne la prit pas, et, très prudente, elle poussa doucement devant elle le vieux Clément, en se faisant ainsi un rempart de son corps jusque vers l'allée où le monstre avait élu domicile.

— Vois-tu? dit-elle en tremblant et en étendant le doigt vers l'animal, qui se trouvant bien à cette place, n'avait pas jugé utile d'en changer.

— Mais c'est tout simplement un crapaud! répondit le jardinier.

— Un crapaud!... oh! la vilaine bête!... dit Jeannette.

— J'avoue que ce corps trapu, ces pattes grosses et courtes, ces yeux rouges, cette couleur sale donnent au crapaud un aspect repoussant. Mais l'habit ne fait pas le moine, et cette pauvre bête, loin d'être méchante, nous est au contraire très utile.

A ce moment l'animal ouvrait une grande bouche pour happer au passage une mouche qui fut bien vite engloutie.

— Allons-nous-en, dit Jeanne que ce mouvement du crapaud était loin de rassurer, il va nous mordre!

— Il ne peut pas mordre, car il n'a pas de dents. Ses mâchoires consistent en une surface osseuse qui lui permet seulement de presser, d'écraser les insectes dont il se nourrit. S'il nous mordait, c'est à peine si nous ressentirions une légère pression. D'ailleurs pourquoi nous mordrait-il? Il sait bien, tout animal qu'il est, que cela ne lui servirait à rien. Et puis, il faudrait, pour cela, qu'il sautât jusqu'à nous. Or ses pattes ne lui permettent que de faire des sauts très courts. Sa démarche est lente, et il se traîne plutôt qu'il ne saute, ainsi que le fait la grenouille.

— Alors, ce n'est pas du tout dangereux.

— Du tout!... On croyait autrefois que le crapaud avait un venin qui pouvait empoisonner l'homme, ou du moins le rendre malade. On calomniait le crapaud. La liqueur, qui suinte de son corps et qui répand une mauvaise odeur, lui sert seulement à écarter ses ennemis, c'est-à-dire les animaux plus forts que lui et qui voudraient le manger...

— Tiens, dit Jeanne, c'est comme la bête rouge qui a un si vilain nom.. tu sais bien!...

— La punaise des bois?

— Oui, papa m'en a montré dans le parc, et il m'a dit que ces bêtes-là ne sentaient mauvais que lorsqu'elles voulaient chasser un importun.

— C'est parfaitement juste. Il y a plusieurs animaux à qui la nature n'a donné que ces moyens de défense. La mauvaise odeur qu'ils exhalent à volonté met en fuite leurs ennemis.

— Mais comment se produit-elle cette odeur?

— Au moyen de glandes, c'est-à-dire de petits sacs placés sur différents points de leurs corps et dont ils font sortir un liquide nauséabond.

— Ah! s'écria Jeanne, il s'en va!

En effet, le crapaud, voulant éviter un rayon de soleil qui venait de l'atteindre, gagnait l'ombre et se traînait péniblement.

Jeanne reprit :

— Alors ils n'ont pas d'autre manière de se défendre?

— Non, mais le crapaud a une façon de se protéger dont je vais vous donner le spectacle. Vous pouvez vous approcher, maintenant, car vous n'avez plus peur, n'est-ce pas?

— Mais non, je n'ai plus peur, répondit Jeannette en avançant de quelques pas...

Clément prit alors une petite branche morte et frappa légèrement l'animal.

Celui-ci se gonfla immédiatement.

— Tiens, remarqua Jeanne, c'est comme dans la fable de La Fontaine que j'ai apprise hier : « La grenouille qui veut se faire aussi grosse que le bœuf. »

— En effet, dit Clément en approuvant Jeannette, il se gonfle de même que la grenouille, et voici pourquoi : En s'emplissant ainsi le corps d'air, sa peau se tend de tous les côtés, et il est alors entouré d'une sorte de coussin élastique qui amortit les coups que je lui donne.

— Comme tout cela est curieux !... mais il va disparaître, ajouta Jeanne en montrant le crapaud, qui, voulant sans doute éviter une nouvelle correction du jardinier, s'enfonçait le plus vite qu'il pouvait dans un trou creusé au pied de la clôture.

A ce moment arrivait, dans le jardin de Jeanne, M. Georges de Villeray, qui venait de se lever et qui faisait une promenade matinale tout en fumant sa cigarette.

Quand il fut mis au courant de ce qui se passait, il s'écria :

— Comment, c'était un crapaud et vous ne l'avez pas tué!

Le vieux Clément regarda le jeune homme avec stupéfaction comme si ce dernier avait prononcé un blasphème !

— Tuer les crapauds! Mais j'en achèterais, monsieur, si l'on en vendait en France, comme cela se fait en Angleterre. Vous ne savez donc pas que ces bêtes-là, inoffensives par elles-mêmes, se chargent de détruire, en s'en nourrissant, les ennemis acharnés de nos plantes, tels que les limaces, les chenilles, les larves, les vers de terre, et qu'un crapaud, à lui seul, en détruit plus en quel·

ques mois qu'un homme employé à cette besogne ne pourrait le faire en toute une année.

— Ah! dit philosophiquement Georges de Villeray, qui décidément avait bon caractère, voilà encore une leçon que je reçois, et je vois bien que toute mon éducation est à refaire.

— Et prenez garde, ajouta Jeannette, en se moquant gentiment de son grand ami, bientôt je serai peut-être plus savante que vous!

IX

Le vieux jardinier déjeunait frugalement d'un morceau de fromage qu'il étalait sur son pain avec un couteau. Il s'était assis

4

à l'ombre et attendait sa petite amie et maîtresse, Mlle Jeanne, qui, elle, déjeunait à la grande table du château.

On entendit bientôt des éclats de rire, et Clément Castor vit apparaître, courant et se tenant par la main, Mlle Jeanne et son petit-fils François.

Elle arriva, toute rouge, auprès du jardinier en disant :

— Ah ! j'ai trop bien déjeuné ce matin, Clément, je suis capable d'attraper une indigestion.

— Si vous mangiez comme moi, mademoiselle, répondit Clément avec son bon sourire, vous n'auriez rien à craindre.

— C'est vrai ! mais vous vous nourrissez trop mal... Tenez, je vais vous aller chercher quelque chose de meilleur.

Et, comme elle allait prendre sa course vers le château, Clément l'arrêta.

— Merci, dit-il ; mon estomac est accoutumé à ce repas de midi, et il ne faut pas le déranger de ses habitudes. D'ailleurs, chacun mange comme il peut, et, dans la nature, tout mange.

Cette dernière phrase fit réfléchir Jeannette, puis elle leva la tête et dit, en se moquant :

— Non, pas tout ! Est-ce que mes fleurs mangent, par exemple ?

— Mais certainement, et elles respirent aussi.

— Comme nous ? demanda Jeanne stupéfaite.

— Comme nous.

A ce moment, le petit François, que Jeanne avait retenu jusque-là, profita de son ébahissement pour s'enfuir, courant après un papillon.

— Comme nous! répétait Jeanne. Comment font-elles donc? D'abord, elles n'ont pas de bouche.

— Pardon, leurs bouches ce sont leurs racines.

— Et qu'est-ce qu'elles mangent?

— Elles mangent, ou plutôt elles absorbent, comme une éponge absorbe l'eau, des sels qui se trouvent dans la terre.

— Quels sels?·

— Oh! je ne veux pas vous charger la mémoire de noms qui vous sembleraient baroques maintenant. Vous apprendrez leurs noms quand vous serez plus grande. Qu'il vous suffise de savoir que ces sels représentent, pour les plantes, le pain et la viande que nous mangeons...

— Bien! dit Jeanne.

— Ces sels, pour pénétrer dans les racines, ont besoin d'être dissous dans de l'eau. Comprenez-vous?

— J'essaye. Voyons! n'est-ce pas la même chose que lorsque je bois un verre d'eau sucrée. Je ne pourrais pas avaler le morceau de sucre d'un coup; mais, quand il est délayé dans l'eau, il passe tout seul!

— C'est parfait! s'écria le vieux Clément, très content de sa gentille et intelligente Jeannette. Quand ces sels sont délayés, c'est-à-dire dissous dans l'eau, ils peuvent passer dans les racines. C'est pour cela que nous arrosons les fleurs. Et quand on dit que nous leur donnons à boire, on devrait plutôt dire...

— Que nous leur donnons à manger, interrompit Jeannette, enchantée d'avoir compris.

— Mademoiselle, s'écria le vieux jardinier, si cela continue, vous allez devenir plus savante que moi.

Jeannette, intérieurement flattée du compliment, prêta une attention encore plus complète aux paroles de Clément Castor.

Celui-ci venait de couper une petite branche de rosier, et, montrant à Jeanne l'endroit où elle était coupée, il continua :

— Vous voyez l'humidité qui sort de cette tige, elle est formée des sels dissous dont nous venons de parler, et ces sels dissous s'appellent la sève. La sève monte tout en suivant ces petits tubes, ces petits filaments qui forment la branche. Elle arrive et pénètre dans les feuilles. Jusqu'à ce moment, elle n'a pas nourri la plante...

— Elle ne lui a pas donné à manger?

— Elle ne lui a pas donné à manger, comme vous le dites, mais les feuilles, qui vous paraissent bien pleines et bien unies, sont pourtant percées de milliers de petites ouvertures dont je peux vous citer le nom : elles s'appellent des stomates.

— Des tomates? dit Jeanne, qui avait bien entendu, mais qui s'amusait du mot.

— Oh! vous savez bien ce que c'est qué des tomates, vous en mangez souvent; moi, je vous parle des stomates, et vous aviez bien entendu. petite rusée!

— Allons, fit Jeanne, ce sont des stomates. je m'en souviendrai.

— C'est par ces ouvertures que les plantes respirent.

— Alors les plantes respirent aussi, elles ne se contentent pas de manger?...

— Exactement comme nous-mêmes. Il ne nous suffit pas de
manger, il faut encore que nous respirions pour que l'air vienne
dans nos poumons transformer ce que nous avons mangé en un
bon sang, qui nourrit alors notre corps. C'est ce sang qui donne
plus de force à nos os, augmente notre chair, enfin nous fait
grandir et nous rend plus robustes.

Jeanne écoutait, très attentive. Tout à coup elle dit :

— Mais les plantes n'ont pas de sang ?

— Si vous avez bien suivi ce que je viens de vous dire,
mademoiselle Jeanne, vous allez comprendre qu'elles en ont
cependant. Ce que la racine ou la bouche de la plante mange,
c'est-à-dire la sève, arrive dans ses feuilles, qui sont ses poumons à elle, et l'air qui vient y pénétrer transforme cette sève
en une autre sève toujours blanchâtre, mais beaucoup plus
épaisse, beaucoup plus riche, qui est réellement le sang de la
plante.

— Et alors ?

— Alors ce sang glisse lentement tout le long des branches
et redescend jusqu'aux racines en portant partout la vie avec
lui, c'est-à-dire en faisant croître la plante, pousser les bourgeons et augmenter l'épaisseur de ses branches.

A ce moment, le petit François revenait, confus d'avoir
quitté si longtemps sa petite amie et honteux de n'avoir pu attraper le papillon.

Jeanne le prit par la main, et, pour que le vieux Clément vît
bien qu'elle avait compris la leçon, elle dit, devant lui, à François :

— Allons faire une promenade et respirer le bon air afin

qu'il transforme notre déjeuner en un beau sang qui nous fera grandir.

Le petit François regarda Jeanne d'un air ébahi. On pense bien qu'il ne savait pas ce qu'elle voulait dire. Mais, comme il s'agissait d'aller s'amuser, il suivit de bon cœur sa gentille compagne.

X

COMMENT NAISSENT LES FLEURS.

Clément avait amené
Jeanne dans le grenier d'une

ferme dépendant du château. Ce grenier, où les graines étaient rangées avec ordre, était vaste, d'une extrême propreté, bien exposé au soleil et complètement à l'abri de l'humidité.

— Vous rappelez-vous la question que vous m'avez faite hier, mademoiselle Jeanne?

— Oui, je t'ai demandé comment les fleurs naissaient, et tu m'as promis de me l'apprendre aujourd'hui.

— Eh bien, regardez. Que voyez-vous dans ce grenier?

— Du blé... de l'avoine... du seigle... du colza... des lentilles... des haricots...

— En un mot, vous voyez des graines.

— Comment! les haricots sont des graines?

— Assurément! des graines de la plante qui s'appelle le haricot.

Le jardinier ouvrit alors une armoire, d'où il retira plusieurs petits sacs qu'il ouvrit.

— Voici des graines de rosier, de fraisier, d'œillet, de pavot et même de tabac. Remarquez-vous comme elles sont petites?

— En effet, on dirait de la poussière.

— Petites ou grosses, toutes ces graines donnent naissance à des plantes. On peut les comparer à des œufs d'où écloront un jour du blé, de l'avoine, des haricots, des fraisiers...

— Mais, dit Jeanne en interrompant, les arbres... les grands arbres, le chêne, par exemple, de quel œuf éclôt-il?

— Du gland, qui est sa graine.

— Du gland! d'un petit gland?

— Mais oui, et chaque végétal produit des graines d'ou naissent d'autres végétaux semblables à lui.

— Je voudrais voir des graines de cerisier d'abricotier et d'amandier. Y en a-t-il ici? montre-les-moi

— C'est inutile. Vous les connaissez.

— Comment, je les connais?

— Oui, car les noyaux de cerise, d'abricot et les amandes ne sont autre chose que les graines du cerisier, de l'abricotier et de l'amandier.

— Alors, dit Jeannette, si je plantais maintenant des noyaux de cerise dans mon jardin, il pousserait des cerisiers? Plantons-en tout de suite, mon bon Clément!

— Oh! mais avant que ces arbres soient en état de produire des fruits. plusieurs années s'écouleraient. N'allons donc pas si vite, et apprenez de quelle manière germe une graine, ou comment éclôt l'œuf végétal dont nous venons de parler.

— J'écoute de mes deux oreilles.

— Je sèmerai aujourd'hui même dans votre jardin des grains de blé. Je les déterrerai successivement et vous pourrez voir les transformations qu'ils subiront presque jour par jour Mais je vais d'avance vous révéler les faits curieux qui s'accompliront :

Le grain de blé trouvant dans la terre de la chaleur, de l'eau et de l'air en quantité suffisante, commence par se gonfler. Puis la mince pellicule jaune qui l'enveloppe se déchire, et de cette déchirure sortent une petite racine qui s'enfonce dans la terre et une petite tige qui se dirige vers la surface du sol. La tige, de même que la racine, ne connaît pas d'obstacle; elle

monte toujours, se frayant un chemin à travers les parcelles de
terre, déplaçant ou contournant les pierres jusqu'au moment où
elle nous apparaît comme une petite curieuse qui met son nez
à la fenêtre.

Cette comparaison eut le talent de faire sourire Jeannette.
Le vieux jardinier, voyant que son élève lui prêtait une grande
attention, continua en ces termes :

— Pour grandir, vous le savez, il faut manger. Qui donc
donnera à notre jeune plante les aliments nécessaires ? Sa racine
est encore trop faible pour puiser elle-même sa nourriture dans
le sol. Donnera-t-on une nourrice à ce nouveau-né ou l'élèvera-
t-on au biberon ? Mais le biberon est tout trouvé : c'est le grain
qui est rempli d'une excellente farine. Cette farine sera le lait
qui nourrira l'enfant du monde végétal. Quand le biberon sera
vide, c'est-à-dire quand il n'y aura plus de farine dans le grain,
le bébé sera forcément sevré, et il devra chercher son manger
lui-même, à l'aide de ses racines qui se seront développées dans
ce but. Il se nourrira alors comme les autres plantes, ainsi que
je vous l'ai déjà expliqué.

— Oh ! je sais ! je sais ! s'écria Jeannette en prenant un petit
air de savante, mais tu ne m'as pas encore dit tout ?

— Qu'ai-je donc oublié ? répondit le vieux jardinier avec
étonnement.

— Je t'ai demandé comment les plantes naissent. Je vois
bien maintenant qu'elles naissent d'une graine... mais cette
graine, cette fameuse graine, d'où vient-elle ?...

— Ah ! cette question est fort difficile à résoudre. L'explication est extrêmement intéressante, mais un peu longue. Aurez-vous assez de patience pour l'écouter jusqu'au bout?

— Oui, oui, oui!

— Alors nous allons descendre au jardin, et je tâcherai de vous faire comprendre ce que vous êtes si désireuse de savoir, en vous apprenant d'abord comment une fleur est faite.

Jeanne prit Clément par la main et l'entraîna rapidement dans son jardin.

XI

COMMENT UNE FLEUR EST FAITE.

E jardinier commença par cueillir quelques fleurs qui venaient de s'épanouir. Cela fait, il alla s'asseoir avec Jeanne sous le berceau.

Il prit une rose de la main gauche, tenant dans son autre main un canif dont il se servit pour faire la démonstration suivante :

— Je dois vous avertir, mademoiselle Jeanne, que vous allez entendre quelques mots nouveaux pour vous. Il faudra vous les rappeler, car ils sont nécessaires à votre instruction. Mais n'ayez pas peur, ils sont faciles à retenir et charmants à prononcer.

— Regardez cette rose et dites-moi ce que vous remarquez vers le haut de sa tige?

— Je vois un renflement en forme d'un petit œuf, qui se termine par une... deux... trois... quatre... cinq feuilles.

— Eh bien, ce renflement s'appelle le *calice* et les feuilles qui le continuent se nomment les *cépales*. Il ne faut pas croire que le calice ait toujours la forme d'un œuf. Cette forme varie selon les plantes. Tenez! prenez cette violette et cette giroflée. Que voyez-vous au haut de leurs tiges?

— Oh! s'écria Jeannette, on dirait un petit capuchon vert!

— C'est bien cela. Le calice a chez ces plantes la forme d'un capuchon, comme vous le dites avec justesse.

— A quoi leur sert-il? Est-ce pour les abriter du froid?

— Précisément! le calice est l'enveloppe extérieure de la fleur. Il est formé par des feuilles qui se sont soudées entre elles. C'est lui qui garantit la fleur des influences de la température.

— Alors, c'est comme son pardessus?

— Votre comparaison est bonne. C'est un vêtement que certaines plantes retirent quand elles n'en ont plus besoin (c'est-à-dire qu'il se fane et qu'il tombe), et que d'autres conservent pour se préserver des premiers froids et des pluies de l'automne.

— Elles ont donc de l'esprit, elles aussi? s'écria Jeannette.

— Assurément, répondit avec un sourire le vieux jardinier, et vous en serez convaincue dans quelques minutes. Pour l'instant, dites-moi ce qui frappe vos regards au-dessus du calice?

— Mais la fleur... la belle fleur qui sent si bon!

— Eh! non, ce n'est pas la fleur! La fleur, c'est la réunion, c'est l'ensemble de tous les éléments que je suis en train de vous décrire. Ce que vous nommez à tort la fleur se nomme la *corolle*. Elle est formée d'une quantité de minces feuilles, non plus vertes, mais roses, élégantes, splendides et embaumées, qui portent le nom de *pétales*.

Et savez-vous pourquoi ces feuilles se sont faites si douces, si tendres, si nombreuses? C'est qu'elles ont le devoir d'abriter, de protéger et de cacher les organes les plus utiles et les plus délicats de la plante. Écartez ces charmants pétales et examinez ce qu'ils semblent vouloir soustraire à tous les yeux.

Jeannette écarta les pétales avec un soin extrême : on eût dit qu'elle comprenait déjà que la fleur vivait et sentait, et qu'elle eût craint de lui faire du mal.

— Oh! dit-elle, qu'est-ce que c'est que tous ces petits fils blancs qui ont l'air d'être coiffés de bonnets jaunes?...

— Ce sont les *étamines*. Chacune d'elles se compose d'un *filet* (c'est ce que vous appelez un petit fil blanc) et d'une *anthère* (c'est ce que vous nommez un bonnet jaune).

— A quoi servent-elles, ces étamines?

— Attendez! Écartez-les encore.

— Tiens! dit Jeanne, après avoir touché aux étamines, j'ai de la poussière jaune sur les doigts à présent!

— Cette poussière est composée d'une quantité de petits grains nommés le *pollen*, et contenus dans les anthères.

Malgré les efforts de Jeanne, les étamines se rabattaient toujours sur le même point, comme si elles eussent voulu défendre
un mystérieux trésor.

Clément prit alors la rose, en arracha soigneusement les

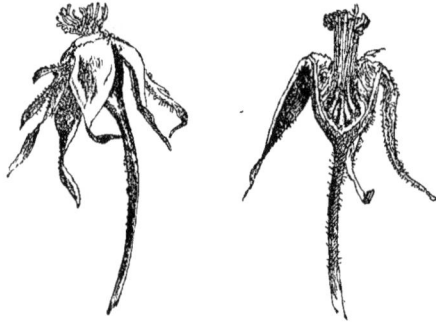

pétales et coupa par la base toutes les étamines rebelles.

— Oh! murmura Jeannette, la pauvre rose! Elle souffre
peut-être en ce moment!

— Elle doit souffrir, répondit gravement le vieux jardinier;
mais cette amputation était nécessaire. Voyez maintenant ce
que les étamines s'obstinaient à nous cacher : une réunion de
filaments verdâtres, terminés par de petites têtes également
verdâtres, mais que le pollen a nuancées d'une légère teinte
jaune.

— Oui, je vois.

— Les filaments portent le nom de *styles* et les têtes celui de *stigmates*.

Clément introduisit la lame de son canif entre les styles et sépara en deux parties égales le renflement en forme d'œuf qu'il avait désigné déjà sous le nom de calice.

— Remarquez, dit-il à Jeanne en lui montrant l'intérieur du calice tout capitonné d'un chaud duvet, que les styles descendent dans cette sorte de chambre si bien protégée contre le froid, et voyez comment ils sont faits.

Arrachant alors avec délicatesse quelques-uns des styles, il fit voir qu'ils se terminaient par un petit globe allongé.

— Ce petit globe, c'est l'*ovaire,* ce qui signifie : endroit contenant les œufs.

Et, plaçant le style sur l'ongle de son pouce, il appuya doucement la lame de son canif sur l'ovaire.

Celui-ci se déchira et laissa échapper une boule blanche presque imperceptible.

— Un œuf! s'écria Jeannette, un petit œuf tout blanc !

— Oui, et cet œuf s'appelle l'*ovule;* et ce n'est autre chose que la *graine* qui n'est pas encore mûre. En mûrissant, l'ovule deviendra dur et de couleur foncée, comme les graines que vous avez vues au grenier; mais alors les pétales, les étamines et les styles seront tombés et l'ovaire prendra désormais le nom de *fruit.*

— Le fruit, murmura Jeanne; mais le fruit, c'est bon à manger, et je n'ai jamais mangé de fruits de rosier.

5

— On ne mange pas tous les fruits, mais ce n'en sont pas moins des fruits. Le fruit de l'abricotier, que vous aimez tant, c'est l'ovaire devenu mûr et contenant sa graine, c'est-à-dire...

— Le noyau, s'empressa de dire Jeannette.

— Les fruits du cerisier, de l'amandier, du prunier sont de même espèce. A côté d'eux, nous trouvons les fruits de toutes ces fleurs, qui ne se mangent pas, ou du moins que nous ne mangeons pas, mais dont les oiseaux et les insectes savent fort bien se régaler.

— Bien! bien! dit Jeanne; mais à quoi servent donc les étamines, les styles et les grains de poussière jaune, le...

— Le pollen.

— Oui, le pollen... dis? à quoi servent-ils? Puisque le calice et les pétales les protègent avec tant de soin, il faut bien qu'ils soient des personnages importants. Et, pourtant, la graine étant déjà dans l'ovaire, elle n'a plus qu'à mûrir...

— Elle n'a plus qu'à mûrir, voilà qui est bientôt dit, ma chère demoiselle. Pour obtenir la maturité, autre chose est encore nécessaire.

— Que faut-il donc?

— Il faut qu'un grain de pollen tombe sur le stigmate, pénètre dans le style, qui est creux, arrive dans l'ovaire et touche l'ovule. Dès lors l'ovule commence à mûrir; dès lors l'ovule est destiné à devenir graine.

— Combien cela est étonnant! dit Jeanne; mais pourquoi?

— Pourquoi? reprit en souriant le vieux jardinier. Pourquoi? Hélas! je ne puis cette fois vous répondre; je l'ignore, et les plus

grands savants eux-mêmes n'en savent rien. C'est un secret que
la nature n'a encore révélé à personne.

En ce moment, Georges de Villeray et Yvonne arrivaient dans
le jardin.

— Que faites-vous donc là, si occupés tous les deux? demanda
joyeusement le jeune homme.

— Clément est en train de m'apprendre, répondit Jeanne,
l'histoire de la rose.

— L'histoire de la rose, s'écria Georges avec sa vivacité ordinaire, mais je la sais!

— Eh bien, contez-nous-la, dit Mlle Yvonne avec un sourire.

— Volontiers!

XII

L'HISTOIRE DE LA ROSE.

Georges amena la petite société près d'un rosier, et le vieux
jardinier, s'appuyant sur une bêche, s'apprêta, de la meilleure
grâce du monde, à écouter l'orateur qui lui succédait et qui
entama son récit de la façon suivante :

— Il y avait autrefois... il y a bien, bien longtemps...

— Avant le déluge ? demanda Mlle Yvonne en s'installant sur
une chaise qu'elle était allée prendre sous le berceau.

— Ah ! si vous m'interrompez déjà !... s'écria Georges d'un
ton comique.

— Je ne le ferai plus. Continuez !

— Il y avait donc autrefois un jardin magnifique, tout
embaumé, tout ensoleillé, rempli des plus belles fleurs que l'on

pût voir, enfin un jardin si beau que nul autre ne saurait lui être comparé.

— Pas même le mien? murmura Jeanne en faisant une petite moue significative. — C'était donc le Paradis terrestre?

— Précisément! C'était lui-même. Entre toutes ses plantes admirables, une fleur se signalait par l'élégance et la flexibilité de sa tige, par l'harmonieux arrangement de ses feuilles, et surtout par le parfum divin qu'elle exhalait. Elle eût été assurément proclamée souveraine de ce charmant royaume si, par malheur, une importante qualité ne lui avait fait défaut : elle était privée des couleurs brillantes de ses sœurs; elle était toute blanche.

Une nuit, un rossignol maraudeur vint se percher sur un buisson voisin. Aux rayons d'argent de la lune, il aperçut cette fleur. Il la regarda longuement et devina tous les trésors qu'elle renfermait. Puis, égrenant ses notes les plus mélodieuses, il lui chanta qu'elle était la plus belle des fleurs.

Alors elle sentit, la pauvrette, un frémissement inconnu la parcourir tout entière. C'était à elle, bien à elle que s'adressait le touchant hommage du plus joli chanteur du jardin, à elle jusqu'alors dédaignée des autres oiseaux et des papillons eux-mêmes!

Sa modestie naturelle finit par succomber sous le bonheur qu'elle éprouvait, et son trouble fut si grand, telle fut son émotion.. qu'elle rougit!

La seule qualité qui, jusqu'à cette nuit bienheureuse, lui avait manqué pour être la reine des fleurs, elle la possédait maintenant.

Cette fleur, ce fut la Rose, c'est-à-dire la fille du ciel, l'ornement de la terre et la gloire du printemps!..

L. MAITREJEAN

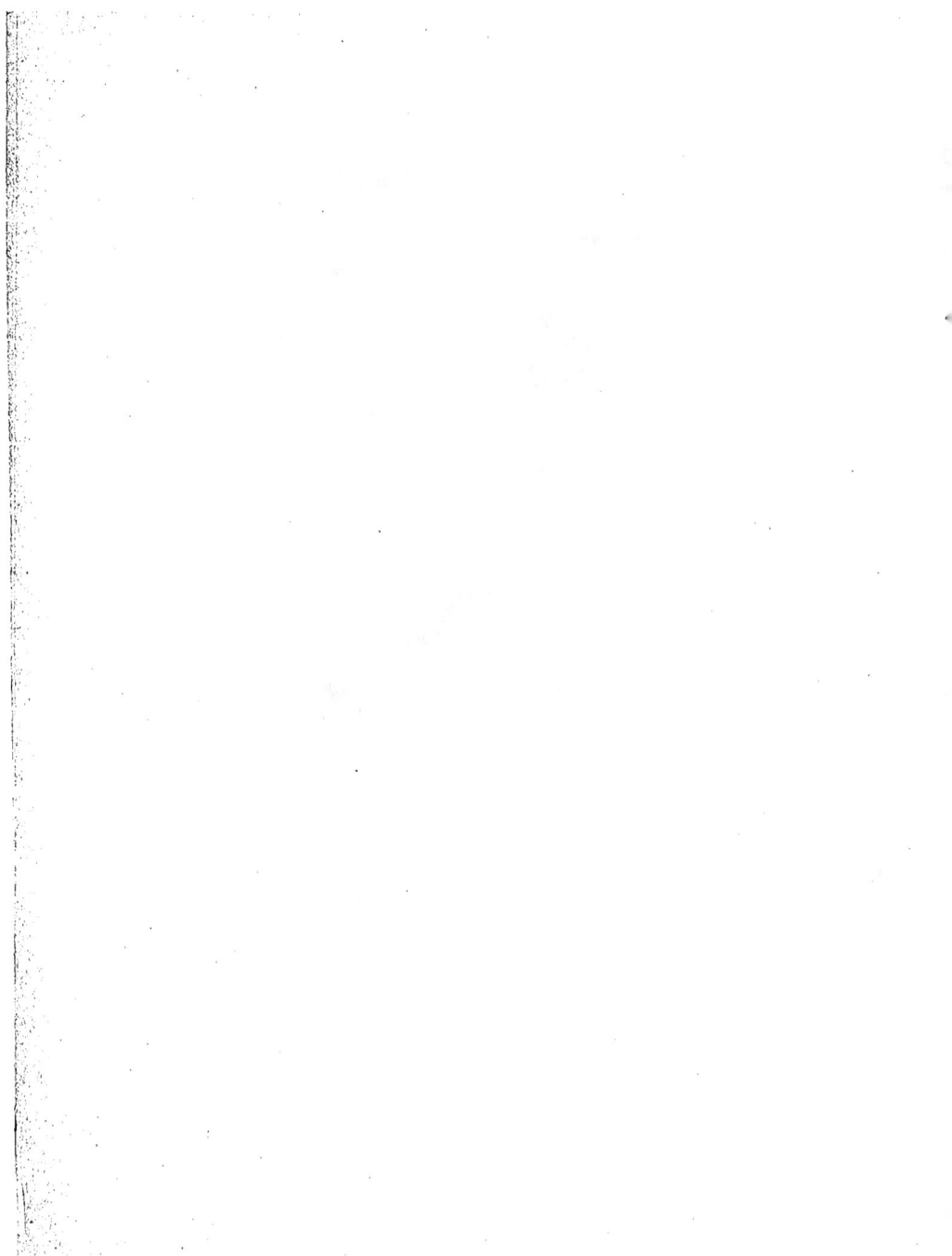

— Voilà, dit Yvonne, une histoire joliment imaginée.

— Ce n'est qu'un conte, ajouta Jeannette avec un léger mépris, tandis que les choses que Clément m'a apprises sont vraies. Et puis comment se fait-il qu'il y ait des roses de plusieurs couleurs, des rouges, des pâles, des jaunes?

— Toutes ces variétés, répondit Clément, — et elles sont fort nombreuses — dérivent d'une seule espèce qui s'est modifiée sous l'influence des climats où le vent a porté sa graine et par les cultures diverses dont elle a été l'objet.

— Quelle est la rose que vous trouvez la plus jolie? demanda Georges.

— Celle que Clément a choisie pour me donner sa leçon.

— Et vous avez raison, répondit le vieux jardinier. C'est la rose française ou rose de Provins.

— Moi, je préfère celle-ci, riposta Mᵉ Yvonne en cueillant une fleur. Regardez-la! ses pétales sont innombrables!

— Innombrables, oui; c'est pour ce motif qu'on la nomme la rose à cent ou à mille feuilles; mais si je vous apprenais, mademoiselle, que cette quantité extraordinaire de pétales est le résultat d'une maladie, vous ne la trouveriez peut-être plus aussi belle.

— Dites-vous vrai ?

— Mon Dieu oui! c'est une maladie que les jardiniers lui ont volontairement inoculée. En appliquant à cette plante une culture spéciale, en lui donnant beaucoup plus d'engrais qu'il ne lui en faut, c'est-à-dire en exagérant sa nourriture, ils l'ont réellement engraissée comme on fait à la ferme pour les bœufs et les autres animaux. Cet excès de nourriture, absorbée par les racines, a cherché une place dans la fleur; il n'en a plus trouvé que dans les étamines qui ont alors grossi, se sont peu à peu élargies et finalement sont devenues des pétales.

— Ce n'est pas possible! s'écria Georges avec étonnement.

— Si, si, c'est possible puisqu'il le dit! répliqua vertement Jeannette qui avait décidément la plus grande confiance dans son vieux jardinier.

Elle allait, sans doute, prendre plus longuement la défense de Clément quand elle aperçut au milieu des pétales de la rose un insecte aux ailes et au corselet d'un beau vert doré, finement pointillé de taches blanches :

— Oh! la jolie petite bête! dit-elle.

— C'est la cétoine dorée, l'amie de la rose où elle aime à se reposer et dont elle boit le suc.

— Le sucre?

— Non pas le sucre, mais le suc qui est la transpiration des plantes et qui nourrit la plupart des insectes.

— Elle a de petites cornes noires. Pourquoi faire?

— Pour toucher. Ce sont des antennes. Elle les étend devant elle, de même que vous étendez les mains devant vous quand vous allez à tâtons dans l'obscurité.

— Dites-moi, Clément, demanda à son tour Mᴵˡᵉ Yvonne, comment se fait-il que certains rosiers n'aient point d'épines?

— Mademoiselle, répondit le jardinier, les épines sont des feuilles qui ont mal tourné; oui, ce sont des feuilles d'un mauvais caractère qui n'ont pas voulu faire comme les autres; elles se sont repliées, renfermées en elles-mêmes et sont devenues dures,

comme vous le savez. Cependant une culture intelligente et une
nourriture appropriée parviennent quelquefois à arrêter les
vilaines dispositions de ces jeunes indociles et à les rendre
pareilles à leurs camarades.

Depuis quelques instants Jeanne paraissait préoccupée. Soudain elle releva la tête et dit brusquement à Clément :

— Tu m'as dit tantôt qu'il faut plusieurs années pour que
certaines graines produisent des arbres. Alors si je plantais
maintenant un noyau de cerise je devrais attendre bien longtemps avant de manger des fruits du nouveau cerisier?

— En effet, mais nous possédons deux procédés pour rem-
placer la graine, ce sont la bouture et la greffe, mais je vous en
parlerai en temps voulu.

Et il s'éloigna pour vaquer à divers travaux et aussi pour
céder la place à Mme de Chanzy qui venait retrouver ses enfants.

Jeannette dit aussitôt à sa maman ce que Clément lui avait
appris et ce que Georges lui avait conté, et elle ajouta :

— Et toi, petite mère, sais-tu autre chose sur cette jolie
fleur?

— Non, mais à propos d'elle je puis te dire quelques vers
bien touchants inspirés à un grand poète par la douleur d'un
père qui avait perdu sa fille adorée. Il faut que tu saches que ce
malheureux père se nommait du Perrier et que le nom de la jeune
fille était Rose.

Alors Mme de Chanzy récita à sa chère Jeannette ces stances
attendries de Malherbe :

Ta douleur, du Perrier, sera donc éternelle
Et les tristes discours
Que te met en l'esprit l'amitié paternelle
L'augmenteront toujours?

Le malheur de ta fille, au tombeau descendue
Par un commun trépas,
Est-ce quelque dédale où ta raison perdue
Ne se retrouve pas?

Je sais de quels appas son enfance était pleine,
Et n'ai pas entrepris,
Injurieux ami, de soulager ta peine
Avecque son mépris.

Mais elle était du monde où les plus belles choses
Ont le pire destin;
Et, Rose, elle a vécu ce que vivent les roses,
L'espace d'un matin.

. . . .

Jeanne, surtout frappée par les derniers vers, répéta :

Et, Rose, elle a vécu ce que vivent les roses...

Puis, levant vers sa mère des yeux où brillait une larme, elle dit ·

— Pauvre Rose! Pauvre petite Rose!... Dis, petite mère, y a-t-il longtemps de cela ?

— Console-toi, mon enfant bien-aimée, répondit Mme de Chanzy, en embrassant Jeanne de tout son cœur; il y a trois cents longues années...

— Ah! murmura Jeannette avec une douce tristesse en regardant ses rosiers et en réunissant les deux idées dans son esprit, — il en est mort des roses, depuis ce temps-là !...

XIII

Un clair matin d'été, Georges et sa charmante fiancée Yvonne se promenaient dans le jardin de Jeanne, parlant de leur prochain mariage et de l'avenir qui se levait rayonnant devant eux.

Déjà ils se voyaient entourés de bébés à têtes blondes ou brunes, aux joues fraîches et roses, à l'œil grand ouvert et étonné.

Yvonne disait les soins dont elle entourerait ces chers petits êtres, l'amour qu'elle leur donnerait, et Georges, souriant en silence. acquiesçait par de doux signes.

Tout à coup, des piaulements répétés, plaintifs, désespérés, frappèrent l'oreille des promeneurs.

Un drame se passait assurément, non loin d'eux. Un malheur

venait de s'abattre, sans doute, sur quelque habitant ailé du jardin de Jeannette.

Ils pressèrent le pas, et, au détour d'une allée, ils aperçurent deux chardonnerets qui voltigeaient éperdument autour d'un même point, en jetant au ciel des notes stridentes de la plus profonde douleur.

S'avançant encore, ils virent au milieu de l'herbe un pauvre petit oisillon au bec encore ourlé des bourrelets jaunes de l'enfance, qui murmurait de faibles piiou ! piii ! et qui agitait ses ailes pour s'envoler, mais, hélas ! vainement.

Que s'était-il passé ?

Dans l'enfourchure de la branche grêle et flexible d'un orme, un nid, construit avec un art admirable, apparaissait au travers des feuilles vertes.

C'est là qu'une famille de chardonnerets avait — merveilleux architecte — construit avec des brins d'herbes, des fibres de plantes et des crins entrelacés un fragile palais aérien, un nid charmant tapissé à l'intérieur d'une couche molle de laine, de poils et de duvet.

Or, ce matin-là, le père et la mère s'en allèrent, au soleil levant, en quête du premier repas.

Ils eurent soin, avant leur départ, de recommander à leurs petits d'être bien sages, d'attendre paisiblement les graines et les insectes qu'ils leur rapporteraient bientôt, et surtout de ne pas se pencher à la fenêtre !

Dans leurs mélodieux bégayements, les enfants promirent au papa et à la maman de suivre leurs conseils.

Mais à peine ces derniers avaient-ils les ailes tournées que l'un des petits, le plus turbulent et le plus étourdi de la couvée, mit son bec à la fenêtre défendue.

« Quel beau temps! se dit-il, et comme il ferait bon de s'envoler de branches en branches, de monter vers le ciel bleu et de respirer l'air en liberté!... Je suis assez grand maintenant, je suis assez fort pour voler de mes propres ailes. Le père et la mère exagèrent la prudence. Je puis, au moins, me rendre jusqu'au prunier que j'aperçois là-bas. Allons! n'hésitons pas davantage et envolons-nous!... »

Et, malgré les cris de ses frères et de ses sœurs, le petit désobéissant s'élança hors du nid.

Mais les muscles de ses ailes n'étaient pas assez puissants, ses plumes étaient encore trop courtes et trop peu fournies pour soutenir son vol. Il tournoya dans le vide et s'abattit lourdement sur le gazon.

Or, voici la mère qui rapporte la pâture matinale, elle entre dans sa demeure et elle voit qu'il lui manque un petit.

Inquiète, elle se pose sur le bord du nid, et elle appelle.

A ses cris arrive son époux. Elle lui apprend la fatale nouvelle.

Qu'est devenu l'imprudent?

Celui-ci, honteux de sa faute, se tient coi dans l'herbe épaisse. Mais bientôt, la mère l'aperçoit. En un coup d'aile, elle est près de lui.

« Ah! mon pauvre petit! semble-t-elle lui dire. Vois où t'a conduit ta désobéissance! Si un méchant homme passait par ici,

6

il s'emparerait de toi. Vite, essaye de remuer tes petites ailes!
.Tiens! fais comme moi! »

Et elle volète autour de lui. Le père est là aussi. Il gronde
de colère! Quelle punition, il infligera au coupable! Mais, avant
tout, il faut le faire rentrer au logis.

Les deux chardonnerets excitent leur enfant de la voix. Ils
volent devant ses yeux pour lui donner l'exemple.

Mais, en vain, l'oisillon agite ses faibles ailes. Il ne peut
s'enlever!

Devant cette impuissance évidente, la douleur des deux
oiseaux redouble. Ils jettent dans l'air des clameurs désespérées.

Ce sont elles qui ont été entendues par Georges et par
Yvonne.

Et les voici, tous les deux, assistant à ce drame émouvant.

Leur approche n'a pas mis en fuite les chardonnerets. L'a-
mour paternel l'emporte sur l'effroi que leur cause la présence
des étrangers. Ils volètent au-dessus de leurs têtes. Yvonne a
bien vite compris la scène lamentable qui s'était déroulée.

Elle arrête Georges au moment où il va s'emparer de l'oiseau.

— Qu'allez-vous faire? s'écrie-t-elle.

— L'emporter et le mettre en cage.

— Comment! vous voudriez le priver de sa liberté. N'est-il
pas mille fois plus heureux dans ce jardin? Et de quelle façon le
nourrirez-vous? Il faut le remettre dans son nid. Et, pour cela,
faites-moi le plaisir d'aller chercher une échelle.

— Vous avez toujours raison! répond Georges en souriant.

Il s'éloigne, et revient bientôt accompagné de Clément et de Jeanne, qu'il a mis au courant de l'affaire.

— Eh bien? Et l'échelle? demande Yvonne, qui remarque qu'elle n'a pas été apportée.

— L'échelle est inutile, mademoiselle, répond Clément. Les chardonnerets sauront bien se passer de notre aide. Mettons-nous à l'écart et observons. Je crois que vous verrez quelque chose de curieux.

On suit le conseil du vieux jardinier, on se cache derrière un massif, et on observe en silence.

Les chardonnerets se sont posés sur leur nid. Ils se parlent et semblent prendre une grave détermination. Le conciliabule est terminé. Ils redescendent et s'approchent de leur petit. Ils paraissent l'exhorter à prendre courage, et se serrent ensuite contre lui.

Que font-ils?

Ils glissent doucement chacun une de leurs ailes sous le corps de leur enfant. Puis, ils se regardent. Ils sont prêts. Le père donne le signal. Et, d'un même élan, ils s'enlèvent. Le petit, effaré, repose, moitié sur l'aile droite de sa mère, moitié sur l'aile gauche de son père.

Ils montent, ils montent lourdement, avec grande peine et avec une précaution inouïe.

Ils approchent du nid. L'enfant fait un mouvement. Il va tomber! D'un vigoureux coup d'aile le père replace en équilibre son précieux fardeau. Voici l'orme, voici le port, voici le refuge!

Le petit chardonneret est sauvé!

Le dénouement heureux de cette scène enthousiasma les spectateurs. Ils ne purent s'empêcher de battre des mains comme ils l'eussent fait au théâtre pour applaudir des artistes de talent.

Mais les artistes — je veux dire les chardonnerets — ne revinrent pas saluer le public.

Ils avaient trop besoin de se remettre d'une alarme si chaude.

Jeannette, surtout, était émerveillée de ce spectacle. Elle ne se lassait pas d'exprimer son contentement et de questionner son vieux jardinier.

— Les chardonnerets! mais c'est donc aussi intelligent que nous?... Est-ce que tous les oiseaux sont comme ça? Non, il y a des oiseaux bêtes et des oiseaux d'esprit, comme chez les hommes, n'est-ce pas?

Clément souriait sans répondre à cet aimable bavardage.

Jeanne continua :

— Chardonnerets... chardonnerets... pourquoi s'appellent-ils ainsi?

Georges de Villeray s'apprêtait à rire de cette question, qui lui semblait impossible à résoudre, quand le vieux jardinier, que rien n'embarrassait, prit la parole :

— On les nomme chardonnerets parce que le chardon est leur plante de prédilection. Ils y trouvent, en effet, un rempart dans ses feuilles épineuses, des vivres dans ses fruits et, dans ses fleurs, du duvet pour tapisser leurs nids.

— On dirait, s'écria Yvonne, que le chardon a été créé pour le chardonneret!

— A moins que le chardonneret, murmura Georges avec philosophie, n'ait été créé pour utiliser le chardon.

A ce moment une hirondelle passa devant nos amis, rapide comme une flèche.

Jeanne, dont l'attention était toujours en éveil, s'écria :

— Et les hirondelles? Tu dois connaître des histoires sur les hirondelles, mon bon Clément. Conte-nous-les, veux-tu?

— Je n'en sais pas beaucoup, répondit le vieux jardinier, dont la bonne volonté ne faisait jamais défaut.

— Moi, j'en sais quelques-unes! s'écria Georges tout joyeux de pouvoir, au moins, faire preuve de mémoire. Que Clément commence, je parlerai à mon tour.

— C'est cela! c'est cela! répéta Jeanne. A toi, Clément!

— L'air est le véritable domaine de l'hirondelle, dit le jardinier; elle mange en volant, boit en volant, se baigne en volant. Toujours maîtresse de son vol, elle en change à tout instant la direction. Son chemin aérien est fait de mille zigzags fugitifs dans lesquels elle chasse les insectes ailés...

— Dites-moi, Clément, interrompit l'impatient M. de Villeray, savez-vous d'où vient le préjugé populaire qui veut que ces oiseaux indiquent le mauvais temps en rasant la terre dans leur vol?

— Ce n'est pas un préjugé, monsieur, c'est une vérité, et en voici l'explication :

Lorsque l'air est froid ou chargé d'humidité, les insectes dont se nourrit l'hirondelle se rapprochent de la terre pour y retrouver la chaleur, et, naturellement, l'hirondelle se rapproche, elle aussi, près du sol où s'est réfugiée sa pâture vivante.

Au contraire, quand le temps est beau, ces insectes s'élèvent dans les hauteurs sereines du ciel bleu, où l'hirondelle s'empresse de les poursuivre.

L'hirondelle, dans son vol, indique donc réellement l'état de la température, soit quand elle monte si loin que l'œil a peine à la suivre, soit quand elle descend aussi près de la terre que l'était tout-à-l'heure le petit chardonneret.

— J'ai vu l'autre jour, demanda alors Jeannette, un petit garçon qui jetait des pierres à des hirondelles. Maman l'a empêché de continuer en lui disant que c'était bien vilain. Elle était très en colère, maman. Pourquoi donc, dis?

— Parce que l'hirondelle nous rend de grands services en détruisant ces myriades d'insectes qui infestent l'air, la terre et les eaux, et contre lesquels l'homme seul reste désarmé. Voilà pour quelle raison elles sont partout l'objet d'un respect qui touche à la superstition.

— Mais, continua Jeannette, où vont-elles l'hiver? et pourquoi nous quittent-elles?

— Elles quittent notre pays lorsque les premiers froids tuent les insectes qui les font vivre. Les hirondelles de France se rendent en Afrique, où elles retrouvent d'autres insectes qui viennent de naître et dont elles peuvent se nourrir.

Cependant il y a des hirondelles qui n'émigrent pas, par exemple, celles de la côte de Gênes et celles des îles d'Hyères, où les insectes ne leur manquent en aucune saison. Celles qui émigrent reviennent constamment aux endroits qui les ont vues naître.

— C'est vrai, dit Georges, je me rappelle, à ce propos, l'anecdote suivante :

Un habitant de Bâle, en Suisse, ayant pris à sa fenêtre une hirondelle avant son départ, lui attacha un collier avec ces mots :

> Hirondelle,
> Toi si fidèle,
> Dis-moi, l'hiver, où vas-tu ?

Au printemps suivant il reçut cette réponse, qu'il trouva sur un ruban noué à la patte du charmant facteur :

> Dans Athènes,
> Chez Démosthènes,
> Pourquoi t'en informes-tu ?

— Oh ! que c'est curieux ! s'écria Jeanne. Cet automne je me promets bien de confier aussi un message à une de ces hirondelles.

— Et ces jolies petites bêtes sont-elles aussi intelligentes et aussi bonnes qu'on le dit ? demanda Yvonne.

— Certainement! dit Georges, et cette histoire va vous le prouver :

Une hirondelle s'était pris la patte dans une ficelle qui tenait à une gouttière. Ses forces épuisées, elle pendait et criait au secours. Des centaines, peut-être des milliers d'hirondelles, se réunirent en poussant le cri d'alarme. Après une longue hésitation et un conseil tumultueux, une d'elles inventa un moyen de délivrer leur camarade, le fit comprendre aux autres et en commença l'exécution. On fit place : toutes celles qui étaient à portée vinrent à leur tour donner un coup de bec à la ficelle. Ces coups dirigés sur le même point, se succédaient de seconde en seconde et plus promptement encore. Une demi-heure de ce travail fut suffisante pour couper la ficelle et mettre la captive en liberté. Et la plupart des hirondelles restèrent jusqu'à la nuit, parlant toujours d'une voix qui n'avait plus d'anxiété, et semblant s'adresser de mutuelles félicitations.

— Et, moi, j'ai vu ceci, ajouta Clément :

Un moineau s'était emparé d'un nid d'hirondelles et se défendait vigoureusement. Les légitimes propriétaires, trop faibles contre l'usurpateur, en appelèrent aux hirondelles du voisinage, qui ne tardèrent pas à accourir.

On somma d'abord le moineau d'avoir à vider les lieux. Sur le refus de celui-ci, et vu l'impossibilité de l'expulser de vive force, à cause de l'ouverture trop étroite du nid, on se décida à y enfermer à jamais l'imprudent spoliateur. Alors, chaque hirondelle apporta une becquée de terre et, en quelques instants, le nid fut muré comme une prison!

— Voyez-vous! dit Jeanne toute songeuse, les oiseaux savent aussi punir les méchants!...

L'aventure du chardonneret, les histoires de Clément et de Georges avaient rapidement fait passer le temps. L'heure du déjeuner était venue, et l'on se dirigea vers la salle à manger du château.

Jeannette, la tête pleine de ce qu'elle avait vu et entendu, s'empressa de tout raconter à son père et à sa mère.

On continua à parler des hirondelles, et, tout en déjeunant, Georges fit cette réflexion :

— Et dire qu'elles font encore des nids qui sont bons à manger !

— Oh! s'écria Jeannette en sautant sur sa haute chaise, oh! ces vilaines machines faites avec de la boue, on les mange?...

— Non, non, pas ceux-là, répondit en souriant M. de Chanzy. Ces nids, qui sont des mets de luxe, proviennent d'une hirondelle de la Chine beaucoup plus petite que la nôtre et que les Chinois nomment Salangane.

— En quoi sont-ils donc pour qu'on les admette sur une table?

— Ils sont formés par du frai de poisson qui, au printemps, surnage sur les fleuves de la Chine en quantité considérable. L'hirondelle rase l'onde et ramasse des becquées de frai qu'elle va successivement appliquer contre la paroi d'un rocher. Ce frai se sèche et prend l'aspect d'une sorte de colle forte très résistante. Les nids ressemblent à des bénitiers minuscules. Avant de les servir, on leur fait subir un nettoyage spécial. On les délaye dans du bouillon, et cela donne un potage fort estimé par les plus riches Orientaux.

— C'est égal! murmura Jeannette, moi, j'aimerais mieux du gâteau!

Le dessert étant arrivé, le vœu de Jeannette fut immédiatement exaucé.

On passa au salon, et Mlle Yvonne eut l'excellente idée de rechercher dans ses morceaux de musique une mélodie de Félicien David intitulée *les Hirondelles*. C'était, comme on le voit, fort heureusement choisi et tout à fait de circonstance.

Elle se mit au piano et chanta cette délicieuse romance, où l'on croit entendre dans les notes voltigeantes de l'harmonie le *cuic-cuic* de l'hirondelle et les coups de bec frappés à la vitre.

XIV

LA TERRIBLE AVENTURE DU PETIT FRANÇOIS.

Quatre heures venaient de sonner à l'horloge du château, et François, accouru auprès de sa mère, réclamait son goûter.

Madeleine coupa un large morceau de pain sur lequel elle étala de fraîches rillettes de Tours, puis elle le donna à son petit garçon, en lui recommandant de ne pas manger comme un glouton.

François, les yeux brillants de gourmandise et les quenottes mordant dans la tartine, se dirigea alors doucement vers le jardin de sa grande amie Jeanne.

Mais, en sortant du logis, François, pour son malheur, rencontra son petit chat, Toto, que l'excellente odeur des rillettes avait attiré jusque-là.

Toto jeta un regard plein d'envie sur la magnifique tartine, et miaula d'une façon qui voulait dire assurément :

« Donne-m'en un peu ! »

'François parut ne pas comprendre le langage de Toto et passa fièrement devant lui.

Cela ne faisait pas l'affaire du minet, habitué à plus d'égards de la part de son maître.

Aussi se mit-il à suivre François avec un entêtement digne d'un meilleur sort.

Ajoutez à cela qu'il continuait à miauler sur un ton si plaintif que l'attention de ses confrères devait infailliblement en être éveillée.

En effet, voici Pomponnette, la mignonne chatte de Jeanne, qui, en deux bonds, se trouve aux côtés de Toto. Elle joint sa voix à celle du petit chat, voulant aussi prendre sa part du repas de François.

Celui-ci, qui guignait de l'œil le manège des deux compa-

gnons, s'en amusait beaucoup. Mais, en parfait égoïste, il laissait
les pauvres bêtes s'égosiller en miaulements superflus.

Cependant cet étrange concert s'entendait déjà d'assez loin.
Et voilà un autre chat qui accourt, puis un autre, puis encore
un autre !

Et François continue à marcher majestueusement au milieu
de cette escorte d'un nouveau genre, composée de Toto, Pomponnette, Noiraud, Blanchette et Gris-Gris.

Il allait toujours, avalant bouchées sur bouchées, et ne
s'apercevant pas qu'une révolte était imminente parmi les cinq
petits bandits à sa poursuite.

En effet, Toto, le premier arrivé, prend une résolution éner-
gique, et, pour arrêter François, il s'agriffe au bas de son pantalon.

Pomponnette suit cet exemple, et, pendant que Toto s'attaque
à la jambe droite, elle enfonce ses petites griffes dans le pantalon
gauche.

Ils ont remplacé la parole par le geste.

Maintenant ils veulent faire comprendre à François qu'il
n'ira pas plus loin et qu'il n'entamera pas davantage la tartine
objet de l'émeute.

Les autres chats, Noiraud, Blanchette et Gris-Gris, bondis-
sent, tout en miaulant, autour de François.

Blanchette même, dans un élan prodigieux, a manqué d'atteindre la bienheureuse tartine, et François est alors obligé de
l'élever au-dessus de sa tête pour qu'elle échappe au pillage.

Noiraud et Gris-Gris marchent à reculons devant François,

et celui-ci aperçoit dans leurs yeux un tel courroux qu'il commence à avoir peur.

Il regarde autour de lui.

Il est seul. Il ne peut appeler au secours.

Lutter avec cette bande de petits brigands lui paraît impossible.

La victoire resterait aux plus forts!

Son salut est dans la fuite.

Il n'hésite plus et se met à courir de toute la force de ses petites jambes vers le jardin de Jeanne.

Celle-ci le voit arriver, et elle comprend son effroi en le voyant agiter en l'air ce qui reste du morceau de pain.

François se jette haletant dans les bras de Jeannette. Mais, voyez quel est son malheur! Dans ce mouvement, la fameuse tartine échappe de sa main, et Toto, Pomponnette, Noiraud, Gris-Gris et Blanchette se jettent dessus et s'en partagent les débris, qu'ils lèchent avidement de leurs petites langues roses.

François contemple ce désastre d'un air consterné, mais il est, malgré tout, si content d'avoir échappé aux dangers qui le menaçaient, qu'il ne pense pas à pleurer.

D'ailleurs la peur lui a ôté la faim.

Jeanne, pour le distraire, lui dit bien vite :

— Mais regarde donc le beau joujou qu'on vient de me donner!

— Oh! ah! oh! s'écrie François, un porichinelle!

— Un polichinelle, reprend Jeannette. Vois! Est-il grand? est-il bien habillé!

— Qu'il est biau! qu'il est biau! répète le petit garçon en écarquillant les yeux.

— Parle donc français! et dis qu'il est beau, et non pas biau!
— C'est M. Georges qui m'en a fait cadeau.

— Est-ce qu'il parle?

— Écoute!

Jeanne appuya sur l'estomac du polichinelle, qui rendit aussitôt quelques sons.

— Et les belles bosses qu'il a! murmurait François émerveillé.

Alors Jeannette et François prirent chacun par une main la superbe marionnette, et ils se mirent à danser tous les trois en rond pendant que Jeanne chantonnait :

. . . .
Bossu par derrière et bossu par devant,
Mon estomac est à l'abri du vent
Et mon épaule en est plus chaudement!

. . . .

En dansant, M. Polichinelle laissa tomber son chapeau. Jeanne le lui remit aussitôt sur la tête, mais François avait eu le temps de remarquer que le chapeau de Polichinelle pouvait s'enlever, et il mit à profit cette remarque, comme on le verra tout à l'heure.

Quand ils eurent fini de danser, Jeanne dit en montrant une corbeille de fleurs que le soleil couchant venait de laisser à l'ombre :

— Voilà de pauvres fleurs qui doivent avoir bien soif et bien faim. Le soleil les a échauffées toute l'après-midi. Nous allons les rafraîchir. Tu vas m'attendre ici, François, pendant que j'irai chercher mon arrosoir.

— Pourquoi aller chercher ton arrosoir, répondit François, il y en a un là-bas.

Et il indiquait l'arrosoir du vieux jardinier.

— Il est trop lourd pour moi.

— Mais non, il n'est pas trop lourd.

— Tu ne sais pas ce que tu dis. Tiens! je te confie le polichinelle, mais surtout ne le casse pas! Fais-y bien attention!

François suivit des yeux sa petite amie qui s'éloignait; puis, quand elle eut disparu, il se dirigea vers l'arrosoir de son grand-père.

Jeanne avait bien raison en disant que cet arrosoir était trop lourd, car elle n'aurait pas pu le soulever s'il avait été rempli d'eau.

Mais notre ami François, trop jeune pour bien comprendre, et qui était fort têtu, avait soutenu le contraire. Or, il voulait prouver à Jeannette que c'était lui qui avait raison.

Il s'approcha donc de l'arrosoir, presque aussi grand et aussi gros que lui, et, l'entourant de ses deux bras, il parvint à l'apporter ou plutôt à le traîner jusqu'à la corbeille de fleurs.

— Comme ça, dit-il en poursuivant son idée, Jeanne verra

bien qu'il n'est pas trop lourd, puisque moi je puis le porter!

Il s'apprêtait alors à jouer avec le polichinelle, lorsque ses regards furent attirés par son chat Toto, qui s'avançait vers lui.

La peur qu'il avait eue précédemment le reprit de plus belle, et, quoiqu'il ne s'agît que d'un seul chat, il crut voir toute la bande à ses trousses.

Lâchant Polichinelle, il se cacha au plus vite derrière l'arrosoir.

Toto, qui n'avait, le ciel en est témoin! aucune idée de vengeance en tête, et qui se promenait tranquillement comme un brave chat qu'il était, aperçut la manœuvre de son petit maître. Il crut que ce dernier voulait jouer avec lui. Il s'approcha de l'arrosoir, et apercevant les menottes de François qui remuaient, il leur lança très gentiment quelques coups de pattes.

François, terrifié de l'attaque, fait un brusque mouvement en arrière.

Mais il chancelle, il va tomber!

Il veut se retenir à l'arrosoir, et il l'entraîne dans sa chute. Patatras! François et son arrosoir sont renversés sur le sol!

7

Ils n'ont heureusement de mal ni l'un ni l'autre, et l'un relève l'autre tant bien que mal.

François jette un coup d'œil craintif devant lui. O bonheur! le bruit causé par le double accident a fait fuir Toto.

Mais Toto a donc peur aussi? Toto est donc un poltron? François, en se disant cela, reprend tout son courage. C'est lui maintenant qui va donner la chasse à Toto.

Justement Toto reparaît.

François fait alors semblant de se cacher, et quand Toto est à portée de sa main, il s'en empare.

— Ah! le vilain! dit-il. Ah! c'est vous qui me faites peur comme ça!... Eh bien! vous allez voir, monsieur Toto, comment vous serez puni!

Il allonge alors la main vers Polichinelle, lui prend son chapeau et en coiffe le chat qui se débat vainement.

François tient ferme Toto qui, sous sa coiffure inattendue, fait une mine des plus bizarres et des plus comiques.

— Maintenant, dit François, je vais vous laisser retourner

auprès de vos amis, Pomponnette, Noiraud, Blanchette et Gris-
Gris. Quand ils vous verront comme cela, avec le chapeau de
Polichinelle sur la tête, ils se moqueront joliment de vous, et ce
sera bien fait, méchant Toto!...

Mais voici Jeanne qui revient.

Et quel est le tableau qui s'offre à ses regards? Toto, déguisé
en Polichinelle et retenu dans les bras de François!

Cette fois, Jeannette se fâche.

Elle reprend le chapeau de son beau polichinelle, donne la
liberté au chat et gronde vivement François, qu'elle renvoie chez
sa mère, pour le punir de sa désobéissance et de son entêtement.

Celui-ci s'en va, tout penaud, pleurnichant un peu et pensant
beaucoup à la tartine qu'il n'a pas mangée, au chat qu'il n'a pas
puni et au polichinelle avec lequel il ne jouera pas ce soir!

XV

LES VERS LUISANTS.

M. Jean, le petit ami de Jeanne, celui à qui elle avait écrit la fameuse lettre tachée par le hanneton, était remis de sa légère indisposition.

Sa mère, Mme de Fontane, avait prévenu Mme de Chanzy de sa visite pour ce jour-là.

En effet, la cloche du château retentit, annonçant des nouveaux venus.

Jeanne va aussitôt regarder sur le perron. C'est bien Jean qu'elle aperçoit! Elle court à sa rencontre, et les deux enfants s'embrassent, tout joyeux de se retrouver après une absence qui leur a paru si longue.

Jean, voulant remercier Jeanne de sa gentille lettre et de son aimable invitation, lui a apporté une bague achetée, non pas sur ses économies, mais, comme on le suppose, sur celles de sa maman.

La bague se compose d'une turquoise montée sur un léger fil d'or. C'est à la fois élégant et simple, comme il convient à une petite fille.

Jeannette est aux anges. C'est le premier bijou qu'elle reçoit.

— Tiens, dit-elle, M. Georges a donné, lui aussi, une bague à ma sœur Yvonne quand il a obtenu sa main. Est-ce que, par hasard, tu voudrais être mon petit mari, Jean?

— Oui! répond résolument ce dernier.

Les deux mères sourient à cet aimable enfantillage qui, peut-être un jour, deviendra chose sérieuse.

Après quelques instants passés dans le salon, les enfants lèvent les yeux vers leurs mamans d'une façon fort expressive.

Mme de Chanzy comprend ce que veulent dire ces regards et donne la permission d'aller jouer dans le parc. Il est convenu que Mme de Fontane et son fils resteront à dîner.

— Quel bonheur! s'écrient en même temps Jeanne et Jean. Quelles bonnes parties nous allons faire!

Jeanne donne un cerceau à Jean, qu'elle prend par la main, et, tous deux, ils descendent au plus vite l'escalier qui mène au jardin.

Jean lance son cerceau, qui roule sur le sable fin de l'allée. Il le conduit d'abord doucement, puis il le frappe du bâton à coups redoublés. Le cerceau s'emporte, fait des sauts désordonnés, décrit des courbes imprévues, se cogne contre les arbres, et les enfants le suivent avec des cris de joie.

En courant ainsi, ils passent à côté de François. Le petit-fils du jardinier les guette d'un œil d'envie, car il voudrait bien prendre part à leur jeu.

Il attend qu'on l'invite, mais, depuis la terrible aventure des chats et du polichinelle, Jeanne lui garde un peu rancune et le tient à l'écart.

Le petit n'ose rien dire. Il se contente de suivre les joueurs de loin, discrètement.

Cependant Jean et Jeannette, après avoir longtemps couru, éprouvent le besoin de se reposer.

— Asseyons-nous là, dit Jean en indiquant un banc de pierre.

— Non, non, répond Jeannette, tu vas m'accompagner jusqu'à mon jardin. C'est là que nous nous assoirons.

Ils se dirigent, en effet, vers le jardin de Mlle Jeanne. Celle-ci, avec une certaine fierté, fait à son jeune ami les honneurs de ses domaines.

— Pourquoi creuse-t-on ici? demande Jean.

— Pour faire un bassin où nous aurons des plantes aquatiques.

— Et qu'est-ce qu'on bâtit là-bas?

— Une serre où nous cultiverons des plantes des pays étrangers.

— Ce sera beau! dit Jean naïvement.

— Mais n'est-ce pas déjà très beau? réplique Jeannette un peu vexée; regarde donc!

Et elle l'emmène à travers les allées sinueuses, embaumées par les géraniums, les lis, les fuchsias, les giroflées, les marguerites, les pensées, les muguets, les pivoines, les roses trémières, les œillets et les corbeilles de mille et mille couleurs.

Assez contente d'étaler son savoir aux yeux de son compagnon, elle désigne toutes les fleurs par leurs noms.

Quelquefois même, elle laisse échapper d'un air indifférent les mots de pétales, de sève, d'étamines.

Alors Jean la regarde, tout étonné :

— Où donc as-tu appris tout ça? dit-il enfin.

— Ah! voilà! répond Jeanne, très heureuse d'avoir amené cette question sur les lèvres de Jean; si je sais maintenant toutes

ces choses, c'est que je possède un bon vieux jardinier... mais ne
crains rien, je te les apprendrai à mon tour... tu es si gentil de
m'avoir donné une belle bague!

A ces mots, Jeannette regarde à son doigt.

Hélas! la bague n'y est plus!

— Ah! mon Dieu! mon Dieu! j'ai perdu ma bague!...

C'est tout ce que la pauvre Jeanne peut dire, car de gros
sanglots la serrent à la gorge.

Devant le chagrin de son amie, Jean se sent tout ému :

— Ne pleure pas, Jeannette, ne pleure pas... je t'en prie!

— Mais je serai grondée tout de même... J'ai pourtant bien
assez de peine sans cela!... Ça m'apprendra à ne plus être
étourdie!...

Alors ils reviennent sur leurs pas, tâchent de retrouver les
allées qu'ils ont parcourues; ils regardent partout, mais en vain...

Jeanne tombe assise sur un banc, ne pouvant retenir ses
larmes.

Jean, se pressant contre elle, essaye de la consoler.

— Ne pleure plus, dit-il, puis il ajoute : Je t'en achèterai une
autre plus belle quand nous serons mariés!

Cette promesse fait sourire Jeanne à travers ses pleurs. Elle
lève les yeux et aperçoit derrière un arbre François, qui la
regarde, qui semble vouloir s'approcher, mais qui n'ose.

Dans sa douleur, Jeanne oublie les anciens méfaits du fils de
Madeleine. Elle l'appelle.

— Viens, mon petit François, viens! n'aie pas peur, je ne
suis pas fâchée, je suis trop malheureuse...

François s'avance timidement vers Jeanne, qui l'embrasse en
lui disant :

— Tu vas jouer avec Jean pendant que je vais chercher
encore...

Elle se lève, mais François la retient par sa robe :

— T'as donc perdu quelque chose?

— Hélas !

— Quoi?

— Une jolie bague que Jean venait
de me donner.

Elle veut s'éloigner, mais François
tire la robe plus fort.

— Mais qu'as-tu donc? demande Jeanne.

François tient sa main
droite bien fermée. Il l'étend
vers Jeanne. Il paraît si content qu'il ne peut que dire :

— Tiens! la v'là !

— Ma bague! s'écrie Jean-
nette, qui n'en peut croire ses
yeux, tant elle est heureuse,
ma belle bague! C'est toi qui
l'as trouvée ?

— Oui, dans le sable, en
vous suivant.

— Ah! mon petit François! comme tu es gentil! Quel bon-

heur tu me causes! Tu verras comme je t'en remercierai!..
Tiens! pour commencer... tu sais, le polichinelle?

— Celui qui a un chapeau? murmure François en rougissant.

— Celui-là même; eh bien! je te le donne.

— Avec le chapeau? dit François en écarquillant les paupières.

— Oui, avec le chapeau.

— J'ai le polichinelle avec le chapeau!... J'ai le polichinelle
avec le chapeau!... J'ai le polichinelle avec le chapeau! s'écrie
François sans pouvoir se lasser.

Et voilà enfin tout ce petit monde absolument heureux.

Jean resta à dîner avec sa maman, comme cela était convenu, et l'on pense que Jeannette se garda bien de parler de
l'aventure de la bague.

A la fin de la soirée, Jeanne demanda la permission d'aller
avec la femme de chambre reconduire son ami Jean que sa
maman remmenait à la maison.

Cette autorisation lui fut accordée, et Jean et Jeannette
purent rester encore quelques instants ensemble.

Le chemin le plus court pour revenir au château était celui
qui passait aux bords du Loir, la jolie rivière du département.

Le ciel était d'une grande pureté. Des étoiles nombreuses
scintillaient de l'est à l'ouest, du nord au sud.

Jeanne, tout en donnant la main à Marie, la femme de
chambre, marchait la tête levée, ne pouvant détacher ses regards
du firmament qui montrait ce soir-là de si belles choses.

Soudain, son pied heurta contre une pierre cachée sous
l'herbe.

Jeanne baissa les yeux pour éviter un nouvel obstacle, mais ce qu'elle aperçut alors la mit dans un étonnement profond.

Elle arrêta Marie et lui montrant du geste de nombreux points brillants, épars au milieu du gazon, elle dit, après un silence :

— Regarde! des étoiles qui sont tombées!...

Marie éclata de rire.

— Mais non, mademoiselle, répondit-elle, ce ne sont pas des étoiles, ce sont des vers luisants.

— Des vers luisants? qu'est-ce que c'est que cela?

— Eh bien, ce sont des vers luisants, répliqua la femme de chambre qui n'en savait pas davantage.

— Je vais le demander à papa, se dit tout bas Jeannette, il saura bien, lui...

En effet, elle fit hâter le pas à Marie. On arriva au château et Jeanne entra dans le salon où la famille était encore réunie.

— Papa, dit-elle, explique-moi ce que c'est que les vers luisants... tu sais, ce qui brille dans le gazon, au bord de la rivière... Moi, je croyais que c'étaient des étoiles qui s'étaient détachées du ciel...

— Oh! mon enfant, répondit en souriant M. de Chanzy, si les étoiles pouvaient tomber sur la terre, elles l'écraseraient et la briseraient comme du verre.

— C'est donc gros, une étoile?... Ça paraît pourtant tout petit.

— Les étoiles sont aussi grosses et souvent plus grosses que notre soleil, qui est, lui-même, des milliers de fois plus gros que

la terre. Les étoiles ne sont autre chose que des soleils qui
éclairent à leur tour d'autres terres probablement semblables à la
nôtre.

— Oh! fit Jeannette toute curieuse, raconte-moi ça, petit
père.

— Tu es encore trop jeune, tu ne comprendrais pas assez
bien; attends un peu, ma chère fillette, et revenons à ta question.
Eh bien, oui, ce sont des vers luisants; c'est là, du moins le nom
vulgaire qu'on donne à ces insectes.

— Et leur autre nom?

— La luciole! s'écria Georges de Villeray avec sa fougue habituelle, et il cita ces deux vers d'Alexandre Dumas en regardant
sa belle fiancée :

> Parmi les cheveux noirs, le diamant reluit
> Comme la luciole illuminant la nuit!

— Luciole est assez poétique, dit posément M. de Chanzy,
mais le vrai nom scientifique du ver luisant est lampyre.

— Lampyre? qu'est-ce que ça signifie?

— C'est un mot qui vient du grec et qui veut dire briller.
Tu vois qu'on ne pouvait pas mieux l'appeler. Dans tous les cas,
cet insecte n'est pas un ver, car il a des ailes et il peut voler. Il
est de couleur brune et de la grosseur d'un petit hanneton.

— Mais comment se fait-il qu'il brille?

— A l'une des extrémités de son corps se trouve un point
qui a la propriété d'émettre à volonté une certaine phosphorescence.

— Voilà un mot bien difficile à retenir, murmura Jeanne; et puis, que veut-il dire?

— J'attendais ta demande, reprit M. de Chanzy. Tu n'ignores pas que les allumettes sont faites avec une substance qui s'appelle le phosphore?

— Oui, papa.

— Et tu as vu qu'en frottant dans l'obscurité une allumette contre un mur il restait sur ce mur une raie lumineuse?

— Oui.

— Eh bien, cette raie lumineuse qui provient du phosphore est ce qu'on appelle la phosphorescence.

— Alors, dit Jeanne, les vers luisants seraient donc comme de petites allumettes qui vivraient?

— Très bien! très bien! s'écria Georges en applaudissant sa petite amie.

M. de Chanzy avait pris sa fillette sur ses genoux et il l'embrassait, supposant qu'elle avait terminé ses questions.

Il se trompait, car Jeanne demanda tout à coup :

— Et à quoi ça peut-il leur servir, cette lumière?

— Pour le coup, elle en demande trop long! dit Georges en riant. Est-ce qu'on le sait?

— Mais oui, on le sait, répondit M. de Chanzy en regardant le jeune homme qui se trouva décontenancé.

— Ah! parbleu! finit-il par dire, je serais bien aise de l'apprendre!

Mme de Chanzy et Yvonne ajoutèrent en souriant :

— Et nous aussi.

— Écoutez donc, car ceci est un exemple d'amitié conjugale que nous offrent ces pauvres petites bêtes.

Les lampyres habitent sous terre, pendant le jour; ils ne sortent que le soir par les temps chauds, comme un couple de bons bourgeois qui vont prendre l'air. Le mari vole facilement, il désire, par conséquent, faire une petite promenade dans les airs. Sa femme a bonne envie de le suivre; mais alors qui garderait le domicile et comment le retrouverait-on au milieu de l'obscurité? C'est la pauvre femme qui se sacrifie, comme toujours; c'est elle qui restera auprès de la maison, sur le seuil de la porte, et c'est encore elle qui, pour en indiquer la place à son mari volage, allumera la petite lampe que la nature lui a donnée!

Cette explication mit toute la famille en joie, et Jeannette, en s'allant coucher, reconnut d'elle-même que les lampyres étaient tout aussi intéressants que les étoiles.

XVI

LA MORT D'UNE FLEUR.

Jean s'était tant amusé avec sa petite amie Jeanne pendant sa visite de convalescence, qu'il supplia sa mère de le ramener le plus tôt possible au château de Chanzy.

— Si tu es bien sage toute la semaine, lui dit Mme de Fontane, nous retournerons voir Jeanne dimanche prochain.

Pendant six jours, qui lui parurent bien longs, Jean eut une conduite exemplaire.

Une seule fois, il allait se mettre en colère, quand le nom de Jeannette, prononcé par sa mère, le calma comme par enchantement.

Donc, le dimanche suivant, Jean, vêtu de son costume le plus coquet, arrivait avec sa maman devant le château. Jeanne,

8

prévenue de sa visite, l'attendait à la grille, et les deux amis s'embrassèrent de tout leur petit cœur.

Jeanne, après avoir conduit Mme de Fontane et son fils auprès de sa mère, demanda la permission de se rendre à son jardin avec Jean.

— Mais je ne l'ai pas encore vu, ce fameux jardin! s'écria en souriant Mme de Fontane, et je serais bien aise que Mlle Jeanne m'invitât également à m'y promener!

— Oh! madame, répondit Jeannette un peu confuse, vous savez bien que vous n'avez pas besoin d'invitation et que vous nous ferez grand plaisir en nous accompagnant.

— Eh bien, allons-y tous ensemble, dit Mme de Chanzy en se levant.

Jeanne prétexta le grand soleil pour emporter un superbe parasol japonais que M. Georges, son futur beau-frère, lui avait donné la veille.

Et, toute contente, elle offrit un abri à son ami Jean, pendant que les deux mères suivaient, à pas lents, leurs enfants adorés.

Mme de Fontane admira le jardin de Jeanne et lui fit des compliments sur les belles fleurs qui l'ornaient, sur sa bonne tenue et sur les soins dont il était l'objet.

Naturellement Jeannette était enchantée d'entendre la maman de Jean parler ainsi.

Ces félicitations revenaient de droit au vieux jardinier; mais Jeanne pouvait en prendre sa part, car, selon ses forces, elle aidait chaque jour Clément dans ses travaux de culture.

M. de Chanzy lui avait donné de légers et d'élégants instruments de jardinage : râteau, pelle, houe, fourche, bêche, arrosoir, que ses petites mains pouvaient facilement manier, et Mlle Jeanne s'en servait avec un zèle dont le vieux jardinier ne se lassait pas de faire l'éloge.

Après plusieurs tours de promenade, les deux mamans se retirèrent. Elles étaient déjà loin lorsque Jeannette trouva sur un banc l'éventail de Mme de Fontane. Elle courut le lui remettre, laissant seul son ami Jean en contemplation devant une magnifique reine-marguerite, dont les fleurs avaient l'air d'un soleil d'or au milieu de rayons d'argent.

Jean se sentit soudain toucher au bras. En même temps, une voix à l'accent un peu sauvage lui disait :

— Bonjour, toi !

Cette voix appartenait au petit-fils de Clément, à François, notre autre connaissance.

— Tiens ! c'est François ! dit Jean, assez mécontent de la façon dont François venait de l'aborder, et qui préférait jouer seulement avec Jeannette.

Il ajouta :

— Qu'est-ce que tu viens faire ici?

— Je viens jouer avec vous.

— Tu joueras si nous voulons, d'abord !

— Je n'ai pas besoin de ta permission.

— En tout cas, tu as besoin de celle de Jeanne.

— Elle me la donnera.

— Qu'en sais-tu ?

— Est-ce que ça te regarde?

— Eh bien, moi, je lui défendrai de te la donner.

— Ah ben! nous verrons, par exemple!

— Alors elle choisira entre nous deux, car, moi, je ne veux pas jouer avec toi.

— Alors nous saurons qui elle aimera le mieux! dit François en faisant de gros yeux à Jean.

— C'est moi! s'écria Jean.

— Ce n'est pas vrai! c'est moi!

— C'est moi!

— C'est moi!

En même temps, ils échangeaient des regards de défi.

François s'était peu à peu rapproché de Jean; il le touchait presque.

— Ah! ne me touche pas! dit Jean menaçant.

— Oh! tu ne me fais pas peur! Tiens!

Il leva sa petite main, qui s'abattit sur l'épaule de Jean.

Celui-ci riposta par un grand coup de poing.

Alors ils se jetèrent l'un sur l'autre, se donnant des bourrades, se prenant à bras-le-corps, se passant des crocs-en-jambe et tâchant mutuellement de se renverser.

Ah! ils y réussirent. Mais, hélas! ils tombèrent, dans leur furie, sur la magnifique reine-marguerite, qu'ils écrasèrent de leur poids.

A cette vue, la raison leur revint.

Ils se relevèrent, très honteux, très désolés, et, se montrant la fleur, ils murmurèrent en même temps :

— Et Jeanne?...

Précisément, elle arrivait, la pauvre Jeannette. En voyant l'étendue du désastre, elle ne trouva pas un mot à dire. Elle n'eut que la force de regarder tristement Jean et François, et ses jolis yeux se voilèrent de larmes.

Les deux ennemis, bien plus touchés par cette marque de douleur et de doux reproche qu'ils ne l'eussent été par une vive réprimande, s'approchèrent de Jeanne, et, lui prenant chacun une main, ils dirent tout bas :

— Pardon, Jeannette !

Ils avaient l'air si réellement malheureux que Jeanne en eut pitié. Elle renfonça ses grosses larmes, et, embrassant Jean et François :

— C'est passé ! dit-elle ; mais, sur le moment, j'ai eu bien du chagrin... Enfin, il y a d'autres marguerites... je remplacerai celle-là, que j'aimais tant... Allez ! je vous pardonne, mais à la condition que vous m'avouerez comment vous avez fait ce malheur.

L'explication fut longue, hésitante, embarrassée, mais elle finit par être donnée.

On croit peut-être qu'elle ne consola point Jeannette. On se trompe, car notre petite amie se sentit, au fond du cœur, très sincèrement flattée d'avoir été l'héroïne de ce pugilat, qui prenait à ses yeux de formidables proportions !

Elle essaya, ensuite, de relever et de ranimer la pauvre plante. Cela était peine perdue. La marguerite agonisait, brisée, flétrie, sans nul espoir de revenir à la vie.

On convint de se taire sur cet accident, et Jeanne se promit de venir aider Clément, le lendemain matin, à le réparer le mieux possible.

La tristesse de chacun de nos petits personnages s'évanouit par degrés, et ils terminèrent la journée beaucoup plus gaiement qu'ils ne l'avaient commencée.

Jeanne, avant de se coucher, avait été prévenir Clément. Aussi, le lundi matin, arrivait-elle de très bonne heure dans son jardin, accompagnant son vieux jardinier.

Celui-ci hocha tristement la tête devant la marguerite. Voir mourir une fleur lui causait une véritable tristesse : on se rappelle que Clément croyait que les plantes vivent, sentent et souffrent.

Jeannette aussi était émue. Pendant que Clément s'apprêtait à bêcher pour extraire les racines de la plante et faire place à une autre, Jeanne, voulant garder un souvenir, choisit les fleurs les moins fanées et les cueillit. Elle porta le petit bouquet à ses lèvres, puis elle le regarda longuement.

Tout à coup elle prit une des fleurs entre ses doigts et l'examina avec attention :

— Mais, dit-elle enfin, se parlant à elle-même, où sont donc les étamines et les styles? Je ne les trouve pas. La marguerite n'est donc pas faite comme la rose?

Le vieux jardinier avait surpris cette question, et, interrompant son travail, il dit :

— Elle n'est pas faite exactement comme la rose. mais elle possède tout de même des étamines et des styles. La reine-marguerite s'appelle le chrysanthème. C'est son vrai nom, et c'est un beau nom, car il signifie fleur d'or. Le chrysanthème est ce qu'on appelle une fleur composée. Vous voyez bien ces petits points jaunes, qui forment un bouquet?

— Oui, je les vois.

— Eh bien, chacun de ces petits points jaunes est une fleur. Arrachez-en un et regardez.

— On dirait un petit tube.

— Oui, et ce tube contient un style et cinq étamines; je vous les ferai voir avec une loupe. Ainsi chaque fleur est une réunion de petites fleurs.

— Alors, dit Jeanne avec une sincère naïveté, le désastre est encore plus grand que je ne le croyais. Au lieu de tuer quelques fleurs, Jean et François en ont détruit des centaines! J'aurais dû pleurer davantage!

XVII

LE PETIT JARDIN POTAGER.

On se souvient que le vieux jardinier avait promis à sa petite maîtresse de lui faire manger un jour des légumes nés dans son propre jardin.

Il avait donc choisi un emplacement bien exposé au midi et abrité du vent; il avait divisé son terrain en carrés et en plates-bandes séparés par des allées, et, afin d'activer la végétation, il avait établi des couches, c'est-à-dire des amas de fumier recouverts de terreau, sur lesquelles les châssis vitrés et les cloches brillaient au soleil.

Sur ces différentes couches, il avait semé des graines de chou, d'artichaut, de céleri, de laitue, de chicorée, de scarole, d'oignons, d'asperges, de radis, de salsifis, entourées de persil, de cerfeuil et d'oseille.

Des semis de pois, de haricots, de courges, de tomates et de melons avaient également été faits aux époques voulues.

Les jaunes fleurs des melons, semblables à de larges cloches, venaient d'éclore dans le petit jardin potager de Mlle Jeanne.

Clément avait amené sa maîtresse devant ces fleurs. Il voulait lui montrer quelque chose de fort curieux sans doute, car il souriait doucement, à l'avance, de l'étonnement qu'il allait lui causer.

— Mademoiselle, dit-il, nous allons voir si vous avez de bons yeux et si vous savez bien regarder.

— De quoi s'agit-il? demanda Jeannette.

— Observez ces fleurs de melon, et dites-moi si vous ne trouvez pas quelque différence entre elles.

— Je ne vois pas...

— Regardez bien ces deux fleurs, qui sont portées par la même tige.

Jeanne examina attentivement les fleurs que lui montrait Clément.

— Ah! dit-elle, joyeuse de la découverte, l'une est renflée par le bas, et l'autre n'a pas de renflement.

— Vous avez fort bien vu, répondit le vieux jardinier. Apprenez maintenant que les fleurs renflées sont les seules qui deviendront fruits, c'est-à-dire melons, et que les autres se flétriront et
tomberont sans rien produire.

— Pourquoi cela?

— Approchez-vous, et regardez avec moi dans l'intérieur de
ces fleurs.

Clément montra alors à Jeannette que les fleurs non renflées
possédaient seulement des étamines, et que les fleurs renflées
étaient seules pourvues d'un style et d'un ovaire. L'ovaire était la
cause du renflement remarqué par Jeanne.

— Si je coupais toutes les fleurs qui ne sont pas renflées, les
autres ne grossiraient pas et ne donneraient pas de melons.

— Pourquoi donc?

— Vous rappelez-vous que le devoir des étamines est de
déposer le pollen sur l'extrémité du style?

— Oui.

— Eh bien, si j'enlevais les fleurs qui ne sont pas renflées, c'est-à-dire celles qui possèdent les étamines, elles ne pourraient pas distribuer le pollen aux fleurs qui possèdent les styles et les ovaires.

Il est si vrai que cette poussière merveilleuse peut seule transformer l'ovaire en fruit qu'on a fait l'opération suivante :

On a coupé sur un plant de melon toutes les fleurs à étamines, puis on est allé cueillir sur une couche éloignée des fleurs semblables à celles coupées. On les a secouées sur une feuille de papier pour recueillir la poussière des étamines, et on est revenu au plant de melon où il ne restait que des fleurs renflées. On en a choisi quelques-unes, et, avec un pinceau, on a déposé un peu de poussière sur l'extrémité des styles, qui se nomment stigmates, comme vous le savez.

— Oui, oui, dit Jeannette; et qu'est-ce qui est arrivé ?

— Il est résulté de cette expérience que les fleurs qu'on avait saupoudrées de pollen sont devenues melons, et que celles qu'on n'avait pas touchées n'ont pas mûri.

— Oh! fit Jeannette, je croyais que les étamines et le style étaient toujours renfermés dans la même fleur. Je vois que je m'étais trompée, puisqu'ils peuvent se trouver dans des fleurs différentes.

— Il existe un phénomène encore plus étonnant, reprit le vieux jardinier. Quelquefois, comme dans le pistachier, le dattier, le palmier, les fleurs à étamines sont sur un arbre, les fleurs à style et à ovaire sont sur un autre, et ces deux arbres sont souvent éloignés de plusieurs kilomètres.

— Alors, comment le pollen peut-il être transporté d'une fleur à l'autre? demanda Jeanne.

— Le vent se charge ordinairement de cette délicate mission ; mais la fleur a encore, pour son usage, de charmants petits facteurs qui savent fort bien déposer le pollen à son adresse. En voici un exemple :

Il y avait au Jardin des Plantes un seul pistachier qui ne possédait que des fleurs à ovaire. Il ne pouvait donc pas donner des fruits. Or, voici qu'une année les jardiniers remarquent avec un étonnement profond que ses fleurs, qui n'avaient jamais mûri, se disposent à devenir pistaches. Il devait donc y avoir dans le voisinage un autre pistachier pourvu de fleurs à étamines.

On chercha partout aux environs. On ne trouva rien.

Enfin, un jour, on découvrit dans un coin du jardin du Luxembourg un jeune pistachier, qui avait pour la première fois fleuri cette année-là, et dont les fleurs étaient à étamines.

Croyez-vous maintenant, mademoiselle Jeanne, que le vent ait pu porter si loin, et si à propos, une petite quantité de cette poussière fragile?

— Non; mais qui donc alors?

— Le hasard nous sert à souhait. Voici justement un de ces petits facteurs dont je vous parlais à l'instant.

En disant ces mots, Clément indiquait à Jeanne une abeille dorée qui venait d'entrer dans une des fleurs du melon.

C'était une fleur à étamines que l'abeille avait choisie pour

faire sa récolte. Elle pompait avidement la liqueur sucrée trans-
pirée par la plante. Pendant cette importante opération, son
corps, hérissé de poils, s'imprégnait de la poussière des étamines
entre lesquelles elle se glissait.

Bientôt elle prit son vol, plana quelques secondes au-dessus
du melon pour choisir quelque autre fleur à son goût, et vint
s'abattre sur une fleur à style, dans laquelle elle s'empressa de
s'introduire.

En pénétrant au fond de cette plante, elle dut se frotter
contre le stigmate, contre le sommet de l'organe renfermant les
graines, où, par conséquent, elle déposa, volontairement ou invo-
lontairement, le pollen qu'elle avait recueilli, de même, dans la
fleur précédente.

Le vieux jardinier, ayant fait suivre à Jeannette les manœu-
vres de l'insecte, lui dit :

— Vous voyez que la fleur ne fournit pas gratis à l'abeille
la nourriture et, au besoin, le logement. Elle se les fait payer par
le plus important des services. Et il est probable que l'abeille, à
qui ce service ne coûte rien, le rend avec plaisir.

Ce devait donc être une abeille, un papillon, une mouche ou
quelque autre insecte, peut-être très petit, qui s'était chargé de
transporter le pollen du pistachier du Luxembourg aux stigmates
du pistachier du Jardin des Plantes.

— Comme tout cela est intéressant, disait Jeannette, et
comme je suis contente que tu m'apprennes d'aussi belles
choses!

XVIII

— Mais revenons à nos melons, dit le vieux jardinier à Jeannette, et apprenez comment on parvient à se procurer l'excellent
fruit que vous aimez.

— J'écoute, répondit Jeanne.

— Vous m'avez vu semer les graines au commencement du
mois de mai. Au bout de quelques jours, les jeunes tiges sont
sorties de terre, pressées les unes contre les autres. Il fallait leur
donner de l'air et de l'espace. Je les ai alors transplantées dans
l'autre couche que vous avez sous les yeux, en leur donnant

toute la place dont chacune avait besoin pour se développer. Le
melon étant une plante des pays chauds, il faut l'entourer de
grands soins et le préserver du froid. C'est pour cela que j'ai
couvert d'une cloche chaque jeune plant. Puis, remarquant que
les tiges rampantes grandissaient au détriment de l'individu, j'en
ai pincé les bouts avec l'ongle. Cette opération a déterminé une
cicatrice qui a empêché le plant de grandir et qui l'a forcé de
grossir et de fleurir.

Maintenant, je vais examiner les fruits qui se noueront. On
appelle ainsi les fleurs dont les ovaires ont reçu le pollen et qui
mûriront. Je ne laisserai pas tous ces fruits sur le plant, parce
qu'ils resteraient tous petits. Au contraire, en n'en gardant que
deux ou trois, ceux-ci profiteront de la nourriture destinée aux
autres et deviendront de gros et succulents melons.

— Mais, demanda Jeanne, d'où vient leur chair qui est
sucrée, et pourquoi cela est-il?

— Le fruit, vous avez dû déjà le comprendre, se compose
de deux parties : la graine, qui n'est autre chose que l'ovule, et
le *péricarpe,* qui n'est autre chose que l'ovaire.

Le péricarpe est toujours formé de deux feuillets, qui sont
quelquefois soudés l'un à l'autre, et qui, dans d'autres cas, s'écar-
tent et laissent déposer entre eux un tissu mou et sucré tel que
celui de la cerise, de l'abricot, de la pêche et du melon.

Quand on coupe un melon, vous apercevez les graines qui
se trouvent en son milieu, bien à l'abri, n'est-ce pas?

Si vous preniez ces graines et si vous les semiez tout de
suite, aucune d'elles ne pousserait.

Il faut attendre pour cela un ou deux ans.

Or, cette couche succulente, qui entoure les graines, n'a pas été formée par la nature spécialement pour que vous la mangiez; ne croyez pas cela. Elle n'a d'autre but que de protéger les graines et de les garder jusqu'à ce qu'elles soient en état de tomber sur le sol et d'y fructifier. En effet, si vous laissez un melon sur sa tige, vous le verrez se fendre et répandre ses graines quand il jugera qu'elles pourront se reproduire.

— Décidément, murmura Jeannette, le melon est aussi intelligent que les autres plantes, et je vois qu'on a bien souvent tort de dire : « Bête comme un melon ! »

Cette remarque fit sourire Clément, qui se remit à son travail.

Au même moment, Georges de Villeray arrivait dans le jardin potager, où il n'avait aperçu ni Jeanne ni le jardinier.

— Voilà Georges! s'écria Jeannette en courant joyeuse au devant de lui.

Mais elle s'arrêta dans son élan, tant l'air attristé du jeune homme la déconcerta.

Celui-ci, en effet, s'était dirigé du côté du jardin potager, croyant s'y trouver seul et espérant pouvoir y réfléchir à quelque idée qui semblait profondément le préoccuper.

Quand il reconnut Jeannette, il s'arrêta et voulut rebrousser chemin.

Mais Jeanne était déjà devant lui, le regardant de ses grands yeux interrogateurs.

— Comme vous avez l'air malheureux! dit-elle timidement.

9

Et voyant que Georges la repoussait doucement, elle ajouta :

— Qu'avez-vous donc, monsieur Georges?

— Je n'ai rien... Je n'ai rien, répondit celui-ci.

— Si, vous avez quelque chose! Dites-moi ce que vous avez.

Alors Georges la regarda avec une affectueuse tristesse et lui répondit :

— Je ne peux te le dire, ma chère enfant. Et, d'ailleurs, si je te le disais, tu ne comprendrais pas.

Jeanne sentit qu'elle ne devait pas insister davantage, et, inquiète, elle suivit du regard le jeune homme qui s'éloignait lentement.

Elle revint auprès de Clément.

— Sais-tu ce qu'il a? demanda-t-elle.

Celui-ci, qui, sans doute, ne voulait rien dire, se contenta de répondre par un geste ne signifiant ni oui ni non.

Le bruit d'une conversation animée se fit entendre dans une allée qui longeait le jardin. Jeanne leva la tête et reconnut son papa et sa maman. Elle leur dit bonjour en les appelant. M. et Mme de Chanzy entrèrent alors dans le jardin potager et embrassèrent leur chère fillette. Tous deux, aussi, ils semblaient être sous le poids d'une grave préoccupation, mais affectant devant le vieux jardinier un air calme et dégagé, ils l'interrogèrent sur les travaux de culture.

M. de Chanzy remarqua de superbes fraisiers qui couraient sur la terre fraîchement arrosée, offrant des fruits de la plus belle couleur, et il demanda à Jeanne si Clément lui avait appris déjà l'histoire de la fraise.

— En partie, monsieur, dit le vieux jardinier.

— Et que sais-tu?

— Je sais que le fraisier peut se reproduire autrement que par les graines, répondit Jeannette, c'est-à-dire au moyen de ses coulants.

— Et qu'est-ce que c'est que des coulants? demanda Mme de Chanzy, heureuse de permettre à sa fille de montrer son petit savoir.

— Ce sont des tiges qui, après avoir rampé dans la terre pendant une certaine étendue, se redressent et donnent un nouveau fraisier.

Je sais encore, ajouta Jeanne, toute fière de l'attention qu'on lui prêtait, que l'eau de pluie est très nuisible au fraisier. Bien souvent

Clément m'a fait arroser, avec l'eau du puits, les fraisiers au moment où il allait pleuvoir.

— Tiens! tiens! dit M. de Chanzy feignant d'être étonné, et pourquoi cela?

— Parce que, reprit Jeanne d'un ton satisfait, quand la pluie se mettait à tomber, mes fraisiers avaient tant bu de l'eau de puits que je venais de leur verser, qu'ils ne pouvaient plus boire autre chose. Par conséquent, il était impossible à madame la Pluie de leur faire du mal.

— Allons! tout cela est clairement expliqué, dit M. de Chanzy, et je suis bien aise que Clément te fasse aussi facilement comprendre la botanique. Tu sais, sans doute aussi, d'où provient cette chair savoureuse que tu aimes tant à manger, ma chère petite gourmande?

Jeanne resta un moment embarrassée. Puis, se rappelant ce que son jardinier venait de lui apprendre à propos du melon, elle dit en cherchant le mot dans sa mémoire :

— Oui... elle provient du péri... du péri... ah! j'y suis, du péricarpe.

— Cette fois, tu te trompes, dit M. de Chanzy à Jeanne déconcertée; cette pulpe sucrée a, dans la fraise et aussi dans la figue, une autre origine que celle du melon et de la plupart des fruits charnus. Regarde.

Et M. de Chanzy, cueillant une fleur de fraisier, la coupa de bas en haut, en deux moitiés.

— Vois, dit-il, chaque style est porté sur un petit ovaire, et en les enlevant avec précaution, comme je le fais, tu remarques

que ces nombreux ovaires sont insérés sur une petite masse
de tissus verdâtres.

C'est vers cette petite masse que toute la sève, tous les sucs
de la plante se dirigent. Quand ils ont nourri suffisamment la
graine, ils restent dans cet amas de tissus, qui se gonfle alors et
déborde sur les petits ovaires et sur les styles en les enchâssant.

Quand tu manges une fraise, tu manges donc non seulement
ce tissu devenu sucré, mais encore les ovaires qui y sont restés,
et ce qui craque sous tes quenottes, dans cette charmante opération, ce sont précisément les ovaires.

M. de Chanzy regarda du coin de l'œil le vieux jardinier pour
s'assurer que son explication était exacte. Et, comme celui-ci
approuvait respectueusement d'un signe de tête, le père de Jeannette vit qu'il n'avait point commis d'erreur.

XIX

Georges de Villeray ne parut pas au déjeuner ce matin-là.

Jeanne remarqua que sa grande sœur Yvonne avait les yeux rouges, comme si elle avait beaucoup pleuré.

M. et Mme de Chanzy restaient silencieux, échangeant seulement quelques regards empreints d'une compassion qui avait pour objet leur fille aînée.

Avec la perspicacité merveilleuse des enfants, à qui rien n'échappe, Jeannette eut bien vite compris qu'un chagrin inattendu venait de s'abattre sur sa famille.

Une curiosité inquiète s'était emparée d'elle, mais elle n'osait pas interroger. Elle sentait que ce chagrin passait au-dessus de sa tête et qu'on jugeait inutile de lui en faire part.

En effet, dès que le repas fut terminé, M. de Chanzy fit un signe à sa femme, qui envoya Jeannette à ses leçons.

Elle sortit de la salle à manger, boudant un peu et mécontente d'elle-même. Elle monta prendre dans sa chambre un livre d'histoire dont elle avait besoin et se dirigea ensuite vers son jardin afin de se livrer à l'étude.

Chemin faisant, le livre tomba de ses mains au milieu de l'herbe.

Jeanne se baissa pour le ramasser, mais une sensation de douleur le lui fit aussitôt rejeter.

Elle crut s'être brûlée.

Cependant il n'y a point de feu habituellement dans l'herbe, et sa main ne portait pas encore la trace de brûlure.

Qui donc avait fait tout ce mal?

Une ortie, une méchante ortie, ainsi que le lui révéla le vieux jardinier accouru à ses cris.

Clément frotta la menotte blessée avec un peu de terre sèche et la douleur alla s'amoindrissant.

Quand Jeanne fut rassurée sur les suites légères de ce petit accident, elle dit :

— Une ortie... pourquoi donc cela fait-il tant de mal? Je me suis piquée souvent à des épines, mais la douleur ne durait pas. Cette fois, ma main s'est gonflée; elle est devenue rouge, et je souffre encore. Dis, pourquoi?

Clément coupa avec précaution une des tiges de l'ortie cri-
minelle et montra à la victime qu'elle était garnie d'une quantité innombrable de petits poils.

— Chacun de ces poils, dit-il, est creux. A sa base se trouve
un petit réservoir rempli de liquide. Dès qu'on touche un de ces
poils, le liquide monte du réservoir et sort par son extrémité qui
s'enfonce dans la main imprudente. C'est ce liquide qui vous a
brûlée si fort. Et je vous ai frottée avec de la terre sèche, afin de
détacher le plus possible de ces bouts de poils qui s'étaient
enfoncés dans votre blessure.

— Mais pourquoi cette plante est-elle si méchante? reprit
Jeannette. A quoi cela peut-il lui servir?

— A se défendre probablement.

— Comment! à se défendre?

— Supposez qu'un ver, un vilain ver, trouve la feuille
de l'ortie à son goût. Il s'approche de la tige, il va y monter
pour atteindre la feuille désirée. Quels ravages il fera bientôt
dans cette plante! Heureusement pour elle, l'ortie le voit venir
sans crainte. Elle sait qu'elle peut compter sur ses propres
armes.

En effet, à peine le gourmand a-t-il effleuré l'un des poils de
la tige, que celui-ci le pique et lui lance dans le corps son terrible
liquide.

L'ortie est saine et sauve et le ver tombe foudroyé.

— Par bonheur, s'écria Jeannette, l'ortie n'est pas assez forte
pour tuer un homme!

— En France, oui; mais dans l'Inde il existe une autre

espèce d'ortie, appelée la Feuille du Diable, dont les piqûres donnent la mort.

— Eh bien! pensa Jeanne, voilà un pays où je n'irai pas me promener toute seule!

— Puisque vous m'avez procuré l'occasion de vous parler de l'ortie...

— Bien malgré moi!

— Malgré vous, je le reconnais, laissez-moi vous dire encore quelques mots sur cette plante intéressante, dont le nom en latin signifie brûler.

— Oh! elle est bien nommée! dit Jeannette en regardant sa main.

— Vous rappelez-vous, mademoiselle, l'histoire que je vous ai racontée sur le pistachier du Jardin des Plantes et le pistachier du Luxembourg?

— Oui, les fleurs à étamines étaient sur un arbre, les fleurs à ovaires sur l'autre.

— Eh bien, il en est de même pour l'ortie. Les fleurs à étamines se trouvent sur une plante, les fleurs à ovaires sur une autre.

— Alors, c'est le vent, les oiseaux ou les insectes qui se chargent de transporter la poussière des étamines.

— Oui, mais l'ortie possède encore un autre moyen de faire parvenir le pollen à son but.

— Comment peut-elle faire puisqu'elle ne marche pas? demanda naïvement Jeannette.

— Voici ce qui a lieu : les étamines naissent pliées en deux au fond de la fleur. Lorsque la fleur s'épanouit, les étamines se

redressent brusquement et lancent en l'air le pollen dont elles
sont chargées. Cela forme comme un petit nuage qui redescend
bientôt sur les fleurs à ovaires de la plante voisine, destinées dès
lors à mûrir. Ne trouvez-vous pas ce procédé ingénieux de la
part de l'ortie?

— Oh! si! murmura Jeanne.

Puis elle ajouta sous forme de réflexion :

— Si méchante et tant d'esprit!...

— Je dois vous citer encore, continua le vieux jardinier, le
houblon, dont les fruits servent dans la fabrication de la bière,
et le mûrier sauvage, dont les baies vous ont souvent empourpré
les doigts. Tous les deux, malgré leurs dissemblances apparentes,
présentent les mêmes propriétés que l'ortie.

Le vieux jardinier et Jeannette marchaient tout en causant
ainsi.

Jeanne, toujours curieuse, posait à Clément question sur
question.

— Comment s'appelle cet arbuste

— Un églantier.

— Ses fleurs ressemblent à des roses.

— Ce sont des roses, en effet. L'églantier n'est autre chose
qu'un rosier sauvage.

— Oh! regarde donc les beaux œillets! A propos, pourquoi
ce nom d'œillet?

— Parce que certaines espèces présentent sur leurs pétales
une tache qu'avec beaucoup de bonne volonté on peut comparer
à un œil qui vous regarde.

— Tiens! s'écria Jeanne, voici un coquelicot qui est bien plus grand que ceux que j'ai encore vus.

— Aussi n'est-ce pas un coquelicot, reprit Clément, mais un

pavot. Du reste, le pavot et le coquelicot se ressemblent comme deux frères. Le fruit du pavot est curieux à étudier. Justement, j'en aperçois un dans l'herbe qui a été oublié à la récolte de l'an dernier.

Le vieux jardinier ramassa le pavot, le coupa en deux, et dit à sa jeune élève :

— Ce fruit est un ovaire composé lui-même de plusieurs ovaires qui se sont soudés ensemble. Vous le voyez, chaque ovaire est séparé par des cloisons et bien distinct du voisin. Les petites graines brunes qu'il contient sont extrêmement nombreuses. Un pavot en renferme, à lui seul, plus de trois mille.

Le pavot produit un suc laiteux qui se nomme l'opium. C'est un précieux calmant, administré en petite quantité, mais il devient un poison très violent quand on le prend à haute dose.

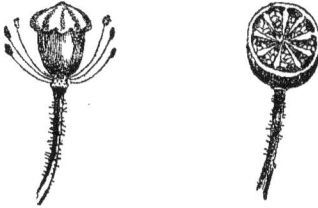

Les Orientaux en font un usage immodéré. Ils le mâchent ou le fument.

— Pourquoi? demanda Jeanne.

— Pourquoi faisons-nous usage du tabac, nous autres Français? repartit le vieux jardinier, uniquement par besoin de distraction et peut-être de destruction. Vous voyez, mademoiselle, que je n'ai dans ce cas aucune bonne raison à vous donner.

— Et je vois aussi, ajouta sérieusement Jeannette, que les plantes sont bien plus intelligentes que les hommes, car elles ne font rien sans motif.

— Allons! allons! dit le vieux jardinier en riant, il ne faut pas exagérer.

X X

LA FLEUR VIVANTE.

Quel est ce cri d'effroi et de douleur qui vient de s'élever au fond du jardin de Jeanne?

Un malheur est arrivé là-bas!

Cela ne fait aucun doute pour Clément Castor, qui a tendu l'oreille.

Des sanglots, qu'on veut étouffer, parviennent jusqu'à lui.

Il laisse tomber à terre le sarcloir qu'il maniait en extirpant les herbes inutiles.

Aussi vite que ses jambes le lui permettent, le vieux jardinier se dirige vers l'endroit d'ou est parti le cri terrible.

C'est Jeanne, c'est la chère petite Jeanne, qu'il aperçoit bientôt.

Elle appuie la main sur sa joue.

De grosses larmes tombent de ses yeux.

Elle tourne vers Clément des regards qui implorent du secours.

Quel est donc l'accident dont Jeannette vient d'être la victime?

— Mon Dieu! mon enfant, es-tu blessée?

— Où as-tu mal, petite sœur?

Telles sont les premières questions que jettent à Jeanne Mme de Chanzy et Yvonne, accourues à ses cris.

L'événement qui causait un grand trouble parmi ces différentes personnes avait pour cause la curiosité bien légitime de Jeannette.

Elle était en train d'arroser une des plates-bandes de son jardin, quand elle remarqua quelque chose d'étrange dans l'une des fleurs d'une aristoloche.

L'aristoloche se distingue des autres plantes par ses fleurs qui ont la forme d'une petite pipe au tuyau recourbé. Le vulgaire l'a même, pour ce motif, baptisée du nom d'arbre à pipes. Dans certaines contrées de l'Afrique, on pourrait encore l'appeler arbre à chapeaux, car les voyageurs affirment que des nègres se servent, en guise de coiffures, de ses fleurs devenues gigantesques.

Mais laissons de côté l'Afrique et rentrons dans le jardin de Jeanne.

La fleur d'aristoloche, qui avait tout à coup attiré l'attention de Jeannette, était agitée d'un mouvement très visible.

Il faisait fort chaud, ce jour-là. Aucune brise ne caressait les autres fleurs. Celle-ci paraissait animée. Jeanne fut sur le point de la prendre pour une fleur vivante.

Elle s'en approcha et toucha légèrement sa corolle.

A peine avait-elle fait ce geste imprudent, qu'un petit monstre ailé, au corps velu, d'un brun fauve à reflets d'or, s'élançait, bourdonnant de colère, hors du gracieux domicile où tout à l'heure il butinait à l'aise.

Se croyant attaqué, considérant Jeannette comme une ennemie, il se jeta sur elle et lui enfonça son aiguillon dans la joue.

Jeanne ressentit aussitôt une douleur si vive qu'elle ne put s'empêcher de crier d'abord et de pleurer ensuite.

Heureusement, le vieux jardinier avait reconnu promptement la piqûre d'une abeille.

Il examina la blessure et vit que l'aiguillon était resté dans la chair.

Déjà une petite tumeur ronde se formait sur la joue.

Il importait d'extraire le dangereux aiguillon. Pendant que les doigts délicats de la sœur aînée se chargeaient de cette opération, Clément courut à l'office chercher un verre d'eau vinaigrée.

Il revint bientôt, accompagné de M. de Chanzy et de Georges, qu'il avait informés de l'accident de Jeanne.

La plaie fut longuement baignée avec l'eau étendue de vinaigre, et notre pauvre petite blessée trouva enfin un grand soulagement à sa grande douleur.

— Alors, dit-elle, c'est une abeille qui m'a piquée? C'est donc méchant, ces bêtes-là?

10

— Non. mon enfant, répondit M. de Chanzy, l'abeille s'est crue attaquée, elle s'est défendue, voilà tout. On ne peut vraiment pas lui en faire un crime.

— Et, dans cette défense, murmura Clément, elle a trouvé la mort.

— Que dites-vous? demanda Georges de Villeray.

— Regardez!

Et, du pied, le vieux jardinier montra le cadavre de l'abeille étendu sur le sable de l'allée.

— Comment! elle est morte? dit Jeanne.

— Lorsque l'aiguillon reste dans la blessure, — ce qui arrive presque toujours, — l'abeille n'a plus que quelques minutes à vivre. Elle a fait le sacrifice de sa vie.

L'aiguillon très acéré de l'abeille est caché dans l'extrémité de son abdomen, comme dans un étui. Elle ne l'en retire que si le danger est imminent.

— Mais je me suis piquée souvent avec des épingles et des aiguilles, reprit Jeannette en regardant sa mère, et cela ne m'a jamais fait autant de mal.

— Clément, dit alors M. de Chanzy, expliquez donc à Jeanne pour quel motif la piqûre de cet aiguillon est cent fois plus douloureuse que celle d'une épingle.

— C'est que l'épingle n'est pas creuse et qu'elle ne contient pas, comme l'aiguillon de l'abeille, un venin qui enflamme immédiatement la blessure.

— Mais alors, dit Jeanne en se souvenant tout à coup, l'aiguillon de l'abeille, c'est le poil de l'ortie.

— Ah! c'est très bien! s'écria M. de Chanzy. Voilà une comparaison qui fait honneur à l'enseignement de Clément Castor.

Le brave jardinier, confus de cet éloge et tout heureux de la sagacité de son élève, s'inclina avec modestie devant le digne M. de Chanzy.

— Continuez, mon brave Clément, les explications que vous donnez à Jeanne et qui sont également intéressantes pour nous tous. N'est-il pas vrai, monsieur Georges? dit M. de Chanzy en s'adressant au jeune homme.

Georges répondit en murmurant quelques paroles d'acquiescement, avec un air de tristesse qui ne lui était pas habituel et que Jeanne avait déjà remarqué.

Jeanne comprit alors qu'il ne régnait plus entre son père et Georges la cordialité d'autrefois.

Elle vit que sa mère évitait de parler.

Enfin elle s'assura que sa grande sœur avait encore les yeux rouges.

Elle s'étonna en elle-même de la contrainte et de la gêne qui semblait exister depuis quelques jours entre ces diverses personnes qu'elle aimait.

Et elle se promit d'éclaircir le mystère qu'on s'obstinait à lui cacher.

Cependant le vieux jardinier, obéissant à l'ordre affectueux de M. de Chanzy, avait ramassé le cadavre de l'abeille.

Il fit voir que la bouche de l'insecte était munie d'une trompe.

— C'est au moyen de cette trompe, dit-il, que l'abeille puise au fond des fleurs la matière sucrée qui s'y distille. Cette matière, en séjournant dans l'estomac de l'abeille, y subit une altération, due à la présence de quelque sel ou de quelque acide encore inconnu, qui la fait passer à l'état de miel.

— Et ce miel, demanda Jeanne, c'est pour nous que les abeilles le fabriquent?

— Oh! pas du tout! s'écria Clément, c'est pour elles, pour elles seules!

— Croyais-tu donc, mon enfant, dit à son tour M. de Chanzy en souriant, que c'est uniquement dans le but de satisfaire ton palais délicat, que les abeilles travaillent avec une admirable ardeur, qu'elles volent de la petite fleur du mouron aux boutons glutineux du peuplier et du sapin, qu'elles introduisent leurs trompes aspirantes jusque dans les ovaires imprégnés de rosée, qu'elles récoltent le pollen, qu'elles se plongent dans les corolles fraîches écloses, remplissant à la hâte la poche à miel de leur frêle estomac, qu'elles retournent à leur domicile pour recommencer encore, accomplissant tout cela avec une intelligence qui sera pour toi, comme elle l'est pour nous, une cause d'étonnements continuels? Dis, pouvais-tu ajouter foi à une chose aussi invraisemblable?

— Je vois bien que tu as raison, petit père, répondit Jeanne sans se déconcerter; mais, si les abeilles font du miel pour elles seules, d'où vient donc celui que nous mangeons?

— Il vient tout simplement de leur superflu, du trop plein de leurs ruches.

— Mon Dieu! oui, mademoiselle, ajouta le vieux jardinier;

elles ne nous donnent, ou plutôt nous ne leur prenons que ce qu'elles ont de trop.

— Mais ce miel, à quoi leur sert-il? Est-ce qu'elles le mangent?

— Assurément, et elles en nourrissent leurs enfants, comme d'une bienfaisante bouillie.

— Pardon, Clément, dit M. de Chanzy en interrompant le jardinier, vous venez de dire à Jeanne que nous ne demandons aux abeilles que le superflu de leur miel et je tiens à lui en apprendre le motif.

En Europe, nos abeilles sont, pour ainsi dire, à l'état domestique. On les élève, on les soigne et l'on discerne avec soin la quantité de miel qu'on peut leur enlever de celle qui reste nécessaire à leur nourriture. Elles ont ici leurs domiciles qu'elles connaissent, où elles se plaisent et qui sont construits, en partie, de la main des hommes.

Or il n'en a pas toujours été ainsi. Encore maintenant, dans certaines contrées sauvages de l'Amérique, les abeilles sont livrées à elles-mêmes. Elles forment de véritables associations errantes et déposent leur miel dans l'endroit qu'elles croient le plus abrité et le mieux caché. C'est généralement le creux d'un arbre ou d'un rocher qu'elles choisissent.

Les habitants barbares de ces pays lointains sont pourtant fort amateurs de miel.

Ignorant la culture de l'abeille, ils veulent néanmoins s'emparer de sa récolte. Il leur faut donc découvrir la mystérieuse retraite de la précieuse mouche.

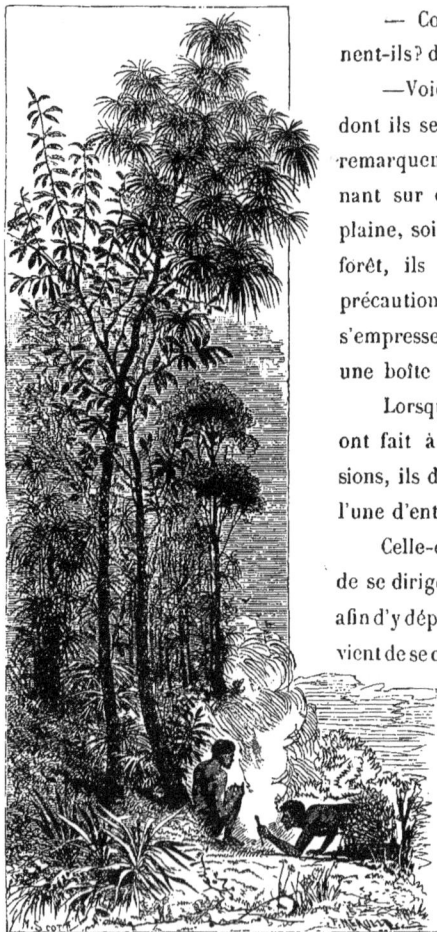

— Comment y parviennent-ils? demanda Jeanne.

—Voici l'ingénieux moyen dont ils se servent: Quand ils remarquent des abeilles butinant sur des fleurs, soit en plaine, soit à la lisière d'une forêt, ils en attrapent avec précaution quelques-unes qu'ils s'empressent d'enfermer dans une boîte contenant du miel.

Lorsqu'ils jugent qu'elles ont fait à loisir leurs provisions, ils donnent la liberté à l'une d'entre elles.

Celle-ci ne manque jamais de se diriger vers son domicile afin d'y déposer le miel dont elle vient de se charger. Le chasseur de ce nouveau gibier la suit des yeux aussi loin que possible et il se rend aussitôt à l'endroit où il a cessé de l'apercevoir.

Il ouvre alors la boîte et laisse s'échapper une autre abeille.

D'abeilles en abeilles et de courses en courses, il arrive à voir la pauvre mouche, sans soupçons, pénétrer dans l'intérieur d'un arbre ou d'un rocher. C'est là qu'il va trouver le miel désiré.

Il allume, devant l'ouverture de ce gîte, des broussailles dont la fumée chasse ou asphyxie les propriétaires ailés.

La maison n'étant plus défendue, le chasseur la met au pillage.

— Oh! s'écria Jeanne avec indignation, cela me semble bien vilain!... Mais, en France, qui n'est pas un pays de sauvages, comment fait-on?

M. de Chanzy causa alors avec Clément, qui s'éloigna.

— Je viens d'envoyer ton jardinier prévenir M. Dumont, notre voisin, que nous irons demain visiter son rucher. Tu trouveras chez lui la réponse à ta question. Notre voisin est un apiculteur distingué...

A cet instant, M. de Chanzy s'interrompit :

— Tu ouvres, sans doute, de grands yeux, ma chère enfant, à cause des deux mots nouveaux que je viens de prononcer?

Jeannette fit un signe d'assentiment.

— Sache donc que rucher signifie endroit où les ruches sont réunies et qu'une ruche est la maison des abeilles.

Quant au mot apiculteur, il veut dire exactement cultivateur d'abeilles. De même, la culture des abeilles s'appelle apiculture, d'après le nom latin de l'abeille (apis) et notre mot français culture.

Mais, pour te préparer à la visite du rucher, je tiens à te donner quelques détails bien curieux sur les mœurs de ces petites bêtes qui piquent si fort!

— Est-ce qu'elles piquent aussi les animaux? demanda Jeannette.

— Certainement! et lorsqu'elles s'acharnent sur un pauvre chien, par exemple, elles lui font des blessures si nombreuses et si cuisantes que l'animal finit souvent par y succomber.

Cependant il existe une bête féroce, pour qui le miel est un régal, et qui peut hardiment s'attaquer à une colonie d'abeilles. Sa fourrure est si épaisse que les aiguillons sont sans force pour y pénétrer.

Cette bête féroce, c'est l'ours.

— Le méchant gourmand! s'écria Jeanne d'un air convaincu qui amena un sourire sur les lèvres de M. de Chanzy.

— Il y a cependant des abeilles qui ne piquent pas.

— Pourquoi n'ai-je pas rencontré une de celles-là!

— Parce que ces abeilles-là s'éloignent peu de leur domicile, parce qu'elles ne vont pas aux provisions dans le charmant marché aux fleurs, parce qu'en un mot ce sont des fainéantes.

— Ah! fit Jeannette, il y a aussi des paresseuses dans ce monde-là! Et comment les punit-on? Les prive-t-on quelquefois de dessert? ajouta-t-elle d'un petit ton malin.

— On les punit d'un façon terrible!

A ce moment, le ciel, qui s'était couvert de nuages, laissa tomber quelques gouttes de pluie.

— Rentrons au château, mon ami, dit Mme de Chanzy à son mari, et, une fois à l'abri, tu continueras ton histoire de l'abeille, qui nous intéresse autant que Jeannette.

XXI

LES ABEILLES.

ans le grand salon du château chacun s'installa comme il voulut.

Jeanne remarqua cependant que Georges ne s'asseyait point, comme à l'ordinaire, auprès d'Yvonne.

Elle vit bien aussi que les fiancés échangeaient souvent des regards. Mais, dans ces regards, il y avait maintenant plus de tristesse que de bonheur.

M. de Chanzy, ayant hâte de rompre le silence qui menaçait de devenir un embarras pour tout le monde, prit la parole et continua, comme il suit, l'histoire merveilleuse des abeilles :

— Dans chaque colonie, dit-il, dans chaque ruche, on distingue trois sortes d'individus : la reine, les ouvrières, les faux-bourdons.

La reine est la plus grosse des abeilles, et c'est elle seule qui est chargée de pondre les œufs destinés à perpétuer la vie de la colonie.

Pendant les mois d'avril et de mai, la reine pond de mille à trois mille œufs par jour.

— Si nos poules en faisaient autant! s'écria Jeannette avec admiration.

— Mais il y a une grande différence entre l'œuf de l'abeille et celui de la poule. Ainsi que tu dois te l'imaginer, l'œuf de l'abeille est extrêmement petit. Quoi qu'il en soit, une bonne reine peut donner à chaque printemps au moins soixante mille œufs.

— D'où éclôront des abeilles?

— Oui. Aussi peut-on dire que cette reine-là est réellement la mère de son peuple.

Cette phrase était à l'adresse de Georges, qui s'inclina en signe d'aimable approbation.

M. de Chanzy reprit :

— Tu m'as demandé tout à l'heure si de ces œufs éclôront des abeilles, et je t'ai répondu oui. Ce n'est pas ainsi que je devais m'exprimer. Voici, en effet, ce qui se passe :

La reine dépose chaque œuf dans une cellule de cire, dont tu admireras demain la construction.

— Et elle le couve comme la poule?

— Le temps lui manquerait certainement pour cette besogne! Non, c'est la chaleur seule de la ruche qui le fait éclore.

Il n'en sort pas une abeille, comme tu pourrais le croire, mais un petit ver blanc auquel, plusieurs fois par jour, une ouvrière apporte à manger.

— Que lui donne-t-elle?

— Du miel, et toujours du miel. Puis, quand ce ver a beaucoup mangé, quand il a emmagasiné dans son petit corps une quantité suffisante de nourriture, il se met à filer une coque soyeuse dans laquelle il s'enveloppe.

Les ouvrières viennent alors fermer la chambre à coucher, c'est-à-dire qu'elles appliquent contre l'ouverture de la cellule une légère couche de cire.

Dans son berceau, fermé de toutes parts, le ver subit une transformation mystérieuse, semblable à celle des vers à soie et des chenilles.

En effet, au bout de quelques jours, de la coque soyeuse il sort, à la place du ver, une jeune et gentille abeille!

— Cela t'étonne, n'est-ce pas, mon enfant? dit alors Mme de Chanzy. On le voit à ta figure.

Assurément Jeanne était surprise!

Les yeux fixés sur son père, elle ne perdait aucune de ses paroles.

Des « oh! » et des « ah! » s'échappaient seulement de ses lèvres comme pour ponctuer le récit.

— Et alors? dit-elle ne voulant pas laisser à son cher petit père le temps de reprendre haleine.

— Eh bien, la jeune abeille qui vient de sortir de son berceau est encore enfermée dans sa chambre à coucher...

— Oui, puisque les ouvrières en ont fermé la porte. Sans doute, elles viennent la lui ouvrir.

— Pas du tout! elle l'ouvrira bien toute seule.

— Avec quoi?

— Pas avec une clef, assurément.

— Avec ses pattes.

— Non, avec sa bouche, dont elle se sert pour ronger la couche de cire qui l'empêche encore de prendre sa part de la vie, de l'air, des fleurs et du soleil.

— Et c'est long tout cela?

— De la ponte de l'œuf à la sortie de l'abeille on compte une vingtaine de jours. L'œuf du faux-bourdon met un peu plus de temps à éclore qu'un œuf d'ouvrière.

— Alors la jeune abeille peut tout de suite marcher et voler?

— En me posant cette question, tu me rappelles un trait de mœurs qui n'est pas l'un des moins curieux de ces insectes.

Quand le nouveau-né démolit la cloison de sa cellule, les abeilles viennent l'examiner.

Malheur à lui, s'il est contrefait! Malheur à lui, si ses pattes ne peuvent le porter ou si ses ailes sont impuissantes à l'enlever!

Les abeilles le chassent immédiatement hors de la ruche, et si l'entêté persiste à y rentrer, il reçoit bientôt mille piqûres dont il meurt.

— Oh! pourquoi? murmura Jeanne avec compassion.

— Parce que les abeilles forment par excellence un petit peuple laborieux, diligent, industrieux, ménager, prudent, économe, prévoyant, et qu'elles ne souffrent dans leur ruche aucun individu impropre au travail.

— Pourtant, ne m'as-tu pas dit que les faux-bourdons étaient des paresseux?

— C'est vrai, je t'ai dit cela et j'ai eu tort. Il est probable qu'ils ont aussi des services à rendre; sinon les ouvrières ne les garderaient pas parmi elles. Et cependant, chose singulière, elles ne les laissent vivre que pendant l'époque où les fleurs sont en abondance dans la campagne.

Dès que l'hiver approche, dès que la fleur devient rare, les ouvrières jugent que les faux-bourdons seront désormais des bouches inutiles qui mangeront leurs provisions de miel, et elles les mettent brusquement à la porte.

— Elles leur disent de s'en aller?

— Oh! si elles n'employaient que la parole, ces messieurs feraient probablement la sourde oreille.

— Que font-elles?

— Elles les chassent à coups d'aiguillon, tout simplement.

— Mais ils en meurent?

— Oui, car le jour où cette exécution a lieu, on trouve leurs cadavres aux alentours de la ruche.

— Quelle cruauté!

— Elles sont cruelles, sans doute, mais c'est qu'elles n'ont pas le moyen d'être bonnes. Pense que ce sont les ouvrières qui construisent les cellules, qui donnent à manger aux petits, qui prennent soin de la reine, qui font le nettoyage général et l'appropriement complet de la ruche, enfin que ce sont elles seules qui ont récolté la matière sucrée des fleurs pour en obtenir du miel.

— Il y a des circonstances atténuantes ! dit Mme de Chanzy.

— Certainement, reprit M. de Chanzy en s'adressant à Jeanne, d'ailleurs tu verras travailler demain ces admirables petites bêtes, et, c'est devant elles que nous finirons de t'apprendre leurs coutumes.

On frappa à la porte du salon.

C'était Clément Castor qui venait informer son maître que M. Dumont se mettait à la disposition de Jeannette pour lui faire visiter son rucher.

— Alors, c'est fini pour aujourd'hui, petit père? Tu n'as plus rien à me raconter?...

Jeanne terminait à peine sa question quand le timbre du château retentit.

— C'est le facteur! dit-elle en courant à la fenêtre.

Mais un profond silence s'était fait soudain dans le salon.

Jeannette se retourna, étonnée.

Elle avait entendu Georges de Villeray prononcer à voix basse ces deux mots :

« Une lettre ! »

Elle regarda autour d'elle.

Sa sœur Yvonne était devenue très pâle.

Il y avait à la fois dans ses yeux comme une expression d'espoir et de crainte.

M. de Chanzy, inquiet, s'était rapproché de sa femme, qui semblait elle-même sous le coup d'une vive émotion.

Cependant, tous deux, ils enveloppaient du même regard, plein d'une bonté attendrie, Yvonne et Georges.

Un domestique apporta une lettre à M. Georges.

Celui-ci la décacheta rapidement et se mit à lire.

Dès les premières lignes, ses traits se couvrirent d'une tristesse découragée.

Quand il eut terminé sa lecture, il tendit d'une main tremblante, à M. de Chanzy, la lettre qu'il venait de recevoir.

Quoique M. de Chanzy voulût paraître maître de lui, il était aisé de deviner, aux tressaillements des muscles de son visage, qu'une sensation pénible l'envahissait.

Il regarda sa femme et sa fille d'un air sincèrement affligé et s'avança vers Georges.

Il lui dit, à voix basse, quelques mots que Jeánne ne put saisir et auxquels le jeune homme ne répondit que par un geste.

Puis un bruit sourd, précédé d'un long soupir, se fit entendre : Yvonne venait de tomber évanouie.

Cet accident mit le trouble à son comble.

M. de Chanzy et Georges portèrent Yvonne sur le canapé. Mme de Chanzy, éplorée, lui faisait respirer un flacon de sels pendant que Jeannette baignait d'eau fraîche les tempes de sa pauvre sœur.

Enfin celle-ci revint à elle.

D'abord inconsciente de ce qui s'était passé, mais bientôt se

11

souvenant, elle jeta à son fiancé un long regard qui semblait
pénétrer jusqu'au fond de sa pensée.

Celui-ci comprit cette muette interrogation.

— Tout est perdu, hélas! murmura-t-il.

— Mais il ne faut pas encore désespérer, s'écria M. de Chanzy.

— Oui, espère, ma chère fille, espère! dit à son tour Mme de
Chanzy.

— Mon devoir m'appelle auprès de mon oncle, reprit Georges.
Je dois partir sur-le-champ.

— Allez, mon enfant, et que le ciel vous protège! répondit
Mme de Chanzy.

Georges se pencha alors vers Yvonne et sur sa main glacée
il déposa un respectueux et dernier baiser.

M. de Chanzy serra le jeune homme dans ses bras et Jeanne
put lui entendre dire :

— Acceptez... il en est temps encore!

— C'est impossible! répondit Georges en s'éloignant rapidement, afin qu'on ne vît pas les larmes qui montaient à ses yeux
et gonflaient déjà ses paupières.

Quelques minutes après cette scène déchirante, le sable de la
cour d'honneur grinçait sous les roues d'une voiture qui emmenait
Georges à la gare du chemin de fer.

Cette journée, marquée par un événement si extraordinaire
pour les hôtes du château, ne se termina pas assez promptement
de l'avis de tous. Enfin, la nuit tomba et chacun put se retirer et
songer.

Jeannette, qui avait été le témoin involontaire de ces événements, chercha longtemps, avant de s'endormir, quels en pouvaient être les motifs.

La chère fillette voyait bien que le chagrin était désormais entré dans sa famille, elle comprenait que sa grande sœur souffrait autant que Georges, elle pensait que leur mariage était sans doute reculé, peut-être rompu, mais elle ne devinait pas le pourquoi de toutes ces choses.

On ne l'avait pas renseignée à cet égard, et elle n'avait pas osé interroger.

Le lendemain matin, au déjeuner, il lui sembla que les visages de ses parents étaient un peu rassérénés.

Elle apprit qu'ils avaient reçu une dépêche de Paris, et que cette dépêche venait de Georges.

Les nouvelles étaient donc meilleures que la veille?

Jeanne avait alors complètement oublié la visite qu'elle devait faire au rucher de M. Dumont.

Son père la lui rappela en lui disant d'aller s'habiller et en ajoutant qu'on ne pouvait pas manquer à l'apiculteur prévenu dès la veille.

Et Jeanne alla seule avec son père voir les maisons de mesdames les abeilles.

XXII

M. Dumont accueillit cordialement son voisin M. de Chanzy et son aimable petite fille Jeannette.

Pour pénétrer dans le rucher, il leur donna des gants spéciaux et un masque en fil de fer tressé. qui devaient les mettre à l'abri des piqûres des abeilles.

Jeanne se trouva bientôt au milieu d'un bourdonnement si violent. si continu, qu'elle en ressentit une véritable frayeur.

Elle eut envie de fuir.

La présence de son père et de M. Dumont put seule la rassurer.

Les abeilles, semblables à des flèches d'or, passaient rapidement devant elle. Les unes sortaient des ruches, se rendant au
travail, les autres revenaient des champs chargées de leur précieuse récolte.

Les abeilles volaient autour de Jeanne, se demandant si elles
avaient affaire à une ennemie. Deux ou trois se posèrent sur son
masque et sur ses gants.

— Ne les chassez pas, mon enfant, dit M. Dumont, et ne
faites aucun mouvement qui puisse éveiller leurs soupçons. Quand
elles verront que vous ne leur voulez aucun mal, elles ne s'occuperont plus de vous.

— Mais vous, monsieur, répondit Jeanne, vous n'avez ni
gants ni masque qui vous préservent. Les abeilles ne vous piquent
donc pas?

— Jamais.

— Pourquoi donc?

— Parce qu'elles me connaissent.

A cette réponse, Jeanne regarda son père pour savoir si
cette réponse était faite sérieusement et s'il était réellement possible que les abeilles reconnussent une personne.

M. de Chanzy serra la menotte de sa petite fille et lui dit :

— Écoute bien tout ce que te dira M. Dumont. Nul n'est
plus à même de te renseigner exactement sur le monde ailé que
tu as devant toi.

— Pour que les abeilles, dit M. Dumont, se plaisent dans
une propriété et pour qu'elles y restent, il faut leur offrir des
habitations commodes, propres et chaudes.

Il existe plusieurs sortes de ruches. Les meilleures sont celles qui se rapprochent le plus de la forme d'une cloche, parce qu'elles conservent mieux la chaleur

La porte de la ruche est, comme vous le voyez, extrêmement étroite. Cette disposition a pour but d'empêcher les souris, les limaces, les lézards d'y pénétrer.

— Qu'arriverait-il donc si une souris s'introduisait dans une ruche?

— Ce qui est arrivé l'an dernier ici même. Une petite souris était parvenue, je ne sais comment, à faire irruption dans cette ruche. Les abeilles sont naturellement tombées sur elle à coups d'aiguillons et l'ont, en quelques instants, fait passer de vie à trepas. Mais, il fallait se débarrasser de son cadavre. Que firent-elles, ne pouvant le transporter jusqu'à la porte? Elles l'entourèrent d'une épaisse couche de cire, qui le cacha bientôt à tous les yeux et qui empêcha l'habitation commune d'être infectée par sa décomposition. En un mot, elles mirent la souris dans une véritable petite tombe.

M. Dumont montra à Jeanne un rayon de la dernière récolte en lui faisant remarquer combien les cellules de cire étaient régulièrement et solidement construites.

— Comment peuvent-elles faire cela? demanda Jeanne émerveillée, et d'où provient la cire qu'elles emploient?

— Les abeilles ouvrières, qui ont besoin de construire des cellules, soit pour y mettre en sûreté leurs provisions de miel, soit pour que la reine puisse y déposer ses œufs, s'entrelacent et se suspendent par grappes avec une symétrie parfaite.

Pendant vingt-quatre heures elles restent immobiles.

Alors le miel qu'elles ont mangé auparavant s'échauffe dans leur corps, fermente, et produit une sorte d'écume qui n'est autre que de la cire.

Cette cire s'échappe au dehors en lamelles, sous chacune des petites écailles qui forment les premiers anneaux de leur abdomen.

L'abeille, au moyen de ses deux pattes du milieu, saisit et arrache cette cire. Elle la porte à sa bouche et la mâche afin de la ramollir, puis elle l'applique contre le bois. C'est le commencement d'une cellule à laquelle chaque ouvrière vient successivement apporter sa part de cire.

Bientôt on voit la cellule s'agrandir. se développer, brillante, polie, et d'une parfaite régularité.

— Mais elles ont donc de l'intelligence? s'écria Jeannette.

— Qui sait? répondit en souriant l'apiculteur. Dans tous les cas, je connais bien des hommes qui sont plus bêtes que ces petites bêtes-là !

Pour obtenir beaucoup de miel, il faut beaucoup d'abeilles dans une ruche; mais, quand elles deviennent trop nombreuses, il se forme une colonie qui émigre. C'est ce qu'on nomme un essaim.

Une ruche se compose ordinairement de quinze à vingt mille habitants. Quand de nouveaux œufs éclosent et que le peuple augmente en de telles proportions qu'il ne va plus y avoir assez de place pour le loger, la reine-mère donne le signal du départ.

Elle s'envole, et des milliers d'abeilles la suivent abandonnant la ruche.

La reine va se poser sur un arbre, à quelque distance de la ruche, et ses suivantes se serrent autour d'elles, de façon à former comme un œuf gigantesque, dont la reine est le centre.

Vous voyez qu'elle est bien protégée! Pour s'en emparer, il faudrait tuer des milliers d'ouvrières!

— Que devient alors cet essaim?

— Il sert à peupler une nouvelle ruche.

— On le prend donc?

— Oui, et d'une façon très simple. On dispose un panier sous la branche où il s'est accroché. On donne un coup sec sur la branche et l'essaim tombe dans le panier, qu'on porte à la ruche vide.

— Il faut alors que les abeilles recommencent à construire des cellules?

— Oui, afin d'y déposer de nouveau leur provision de miel pour l'hiver.

— Et dans l'autre ruche, que reste-il?

— Des abeilles, mais en nombre suffisant pour y loger à leur aise.

— Mais elles n'ont plus de reine, puisque la reine est partie avec l'essaim.

— Pardon. Elles en ont une également.

— Papa m'a pourtant dit hier qu'il n'y avait qu'une seule reine dans une ruche.

— M. de Chanzy avait raison.

— Comment se fait-il donc que ces abeilles possèdent une reine ? et d'où est-elle venue, celle-là ?

— La reine-mère ne quitte la ruche qu'après s'être assurée qu'une jeune reine est éclose d'un des œufs déposés dans les cellules. Elle est alors tranquille sur le sort de son peuple, et elle peut s'en aller sans remords.

Je dois ajouter que la jeune reine ne sort pas de sa cellule avant le départ de la reine-mère. Les ouvrières sont chargées de l'en empêcher. Si elle ronge la cire de sa porte, les ouvrières en appliquent aussitôt de nouvelles couches.

Cependant il peut arriver que la jeune reine trompe, par hasard, la surveillance des ouvrières et qu'elle sorte en même temps que l'essaim de la reine-mère.

Il se passe alors ce fait extrêmement curieux :

Les deux reines, la vieille et la jeune, se livrent, dans les airs, un combat à outrance qui finit toujours par la mort de l'une d'elles.

Quant aux ouvrières, elles restent simples spectatrices de cette lutte suprême. Elles sont beaucoup trop respectueuses pour se mêler à ces affaires royales.

Jeanne, remarquant les allées et venues de toutes les abeilles qui volaient autour d'elles et qui entraient dans leurs ruches respectives, demanda à M. Dumont s'il n'arrivait pas quelquefois qu'une de ces abeilles ne reconnût pas son domicile et pénétrât dans une ruche étrangère.

Cela a lieu fort rarement, mais alors tant pis pour l'étour-die. Les sentinelles qui veillent à l'entrée de la ruche se préci-

pitent sur elle, la saisissent par les pattes ou par les ailes et
s'apprêtent à la traiter avec la dernière rigueur si elle ne réussit
pas à leur échapper.

Maintenant, ajouta M. Dumont, Mlle Jeanne me fera-t-elle
le plaisir de goûter à l'excellent miel de ces gentilles ouvrières?

— Je crois qu'elle acceptera, répondit avec un sourire,
M. de Chanzy.

M. Dumont emmena Jeannette et son père dans sa salle à
manger, et notre petite amie se régala beaucoup d'une tartine de
miel exquis.

— Comment faites-vous, demanda-t-elle, pour prendre ce
miel aux abeilles?

— Jadis, on se contentait d'enfumer la ruche. Toutes les
pauvres abeilles mouraient, et on pouvait, sans aucune crainte,
se rendre maître de leurs rayons de cire qui contiennent le miel.
Aujourd'hui, on a trouvé le moyen de faire passer les abeilles
d'une ruche dans une autre ruche. Il n'y a plus mort d'individus,
heureusement.

Le miel le meilleur est celui qui coule naturellement des
rayons. Quand il a cessé de couler, on soumet les rayons à une
certaine pression et l'on recueille tout ce qui peut rester de
miel dans les cellules.

Quant à la cire, vous savez qu'on l'emploie comme encaus-
tique pour les parquets ou qu'on en fabrique des bougies après
l'avoir fait blanchir en l'exposant au soleil et à l'air.

Voilà, ma chère enfant, tout ce que je crois avoir à vous
apprendre sur les abeilles et sur les produits de leurs travaux.

Jeannette remercia vivement M. Dumont et de la leçon et de sa tartine, et revint au château avec son père.

Tout le long du chemin, elle songea aux surprenantes ouvrières qu'elle venait de voir. Ce ne fut qu'en entrant au salon qu'elle se rappela la scene qui s'y était déroulée la veille. Elle se dit que sa grande sœur Yvonne était, sans doute, bien malheureuse et elle se jura de la consoler.

XXIII

LES CHAMPIGNONS EMPOISONNÉS.

Jean avait obtenu la permission de venir voir son amie Jeannette.

Un domestique, qui allait à la ville, l'avait amené avec lui de
grand matin.

Jean arriva au château de Chanzy au moment où Jeanne,
sans être prévenue de sa visite, descendait le perron pour aller
souhaiter le bonjour et le bon soleil aux fleurs de son jardin.

Jeanne, toute joyeuse de la rencontre de Jean, entraîna celui-ci avec elle.

— Nous allons bien nous amuser! disait-elle.

Et Jean répondait avec conviction :

— Oh! oui!

Ils étaient tous les deux dans le jardin, regardant les plantes humides de rosée, aspirant l'air empli de senteurs, examinant les fleurs fraîches écloses, quand le petit François survint, grignotant déjà une superbe tartine de beurre.

Depuis la catastrophe de la reine-marguerite, les deux petits hommes s'étaient réconciliés. Aussi la venue de François fut-elle bien accueillie par Jean.

— Venez-vous avec moi? demanda François quand il eut fini de manger.

— Pourquoi faire? dirent en même temps Jeanne et Jean.

— Pour cueillir des champignons.

— Des champignons? où donc?

— Là-bas, répondit François en étendant la main, dans le petit bois.

— Oh! oui, allons-y! dit Jean à Jeannette.

— Allons! répondit Jeanne.

Et, tous trois, ils partirent pour le petit bois désigné par François.

Là, en effet, au pied des arbres dont la ramure épaisse se laissait rarement percer par les rayons solaires, ils aperçurent quantité de champignons poussés pendant la nuit.

Il y en avait de toutes les formes.

Les uns semblaient fièrement coiffés d'un large chapeau blanc incliné sur l'oreille. D'autres, minces et élancés, paraissaient s'abriter sous un élégant parapluie.

On en voyait des ronds comme des boulets et des tordus en mille plis, des recroquevillés et des biscornus.

Déjà François cueillait çà et là les champignons qui tenaient à peine à la terre. Il les mettait dans son tablier en prenant soin de ne pas les froisser.

Jean et Jeannette suivirent son exemple. Bientôt ils durent s'arrêter dans leur cueillette. Ils n'avaient plus de place où mettre les champignons.

— Qu'allons-nous faire de tout cela?

— Nous allons porter notre récolte à la cuisine, répondit Jeannette.

— Moi, je vais donner la mienne à ma mère pour qu'elle me fasse un bon déjeuner, ajouta François, qui n'oubliait jamais son petit estomac.

Alors ils reprirent en courant le chemin du château.

Ils étaient près d'y arriver quand, dans leur course folle, ils se jetèrent dans Mme de Chanzy qui faisait sa promenade du matin.

— Eh! mon Dieu! mes enfants, dit-elle, où courez-vous ainsi et que portez-vous dans vos tabliers?

— Des champignons! répondirent trois voix en même temps.

— Des champignons? dit Mme de Chanzy, en devenant inquiète, des champignons? mais d'où viennent-ils?

— Du petit bois, répondit François avec sa tranquillité habituelle.

— Oh ! malheureux enfants, qu'alliez-vous faire?... Vous empoisonner peut-être?...

Les trois imprudents changèrent de couleur en entendant les paroles que Mme de Chanzy venait de prononcer d'une voix pleine d'émotion.

Jeanne allait secouer son tablier, ayant hâte de jeter au loin les champignons frais cueillis, mais sa mère arrêta son mouvement, et lui dit :

— Garde ta récolte et vous aussi, Jean et François, gardez la vôtre, et venez tous les trois la montrer à Clément.

Mme de Chanzy, faisant marcher les enfants devant elle, se dirigea vers le jardin de Jeanne, où le vieux jardinier était déjà au travail.

— Voyez, mon brave Clément, dit-elle, ce que Jeanne, aidée de Jean et de François, a été cueillir dans le bois. Ce sont des champignons récoltés à la même place que ceux qui, l'an dernier, ont failli donner la mort à plusieurs ouvriers de la ferme. Vous vous en souvenez?

Clément ne répondit pas, mais il jeta sur son petit-fils, — le seul coupable en cette affaire, — un regard qui laissait augurer une prochaine et solide correction.

François comprit si bien l'éloquence de ce coup d'œil qu'il se serait enfui si Mme de Chanzy ne l'eût rattrapé à temps.

— Il faut, dit-elle, que vous écoutiez, tous, les explications de Clément, afin que l'envie ne vous reprenne pas de vous lancer en pareille aventure.

— Vous avez bien raison, madame, dit alors Clément, car il

est si difficile de distinguer les bons champignons des mauvais, qu'on doit défendre d'abord aux enfants de jamais y toucher. Il faut aussi empêcher les grandes personnes de manger de ces végétaux cueillis au hasard. Les plus malins s'y laissent prendre.

Rejeter les champignons, dont la chair est molle, dont l'odeur est désagréable, ceux qui croissent dans les endroits ombragés et humides, ce sont des indications qui n'ont rien de positif. Le moyen le plus sûr de ne pas se tromper est d'analyser les caractères botaniques du végétal ou de se conformer aux avis des paysans qui, de père en fils, savent reconnaître d'instinct les champignons bons à manger.

. — Oh! dit Jeanne, je connais quelqu'un qui ne s'avisera plus d'en cueillir!

— Et moi aussi! murmura Jean avec effroi.

Quant à François, il se garda bien de souffler mot pour ne pas attirer l'attention sur lui.

Le jardinier fit déposer la récolte sur le gazon et, après avoir attentivement regardé, il dit :

— La plupart de ces champignons sont des *agarics,* et c'est précisément l'espèce où les mauvais ressemblent le plus aux bons.

— Et comment cela pousse-t-il, un champignon? demanda Jeannette, chez qui la curiosité chassait maintenant la crainte.

— Tenez, en voici un qui a été arraché avec ses racines. J'appelle ainsi tous ces fils blancs que vous voyez à sa base. Sur ces racines s'élève une tige coiffée coquettement d'un chapeau.

Ce chapeau est formé et soutenu par de nombreuses lames

12

que vous distinguez fort bien et entre lesquelles se trouvent de
petits sacs bruns presque invisibles. On les appelle des *spores*
et ce ne sont, en résumé, que de véritables graines.

— Mais, dit Jeannette à sa maman, nous mangeons très
souvent des champignons à table : comment se fait-il...?

— Que nous ne soyons pas empoisonnés? répondit Mme de
Chanzy en achevant la question de sa chère fillette. Écoute
Clément. Il va sans doute te l'apprendre.

En effet, Clément reprit :

Les champignons que l'on vous sert à table, mademoiselle, sont des champignons cultivés. On est donc sûr de leurs
qualités et on peut les manger sans péril.

— Comment! on cultive des champignons?

— Mais oui.

— Et de quelle manière?

— Les champignons ne poussant que dans des lieux sombres
et humides, on étend dans des caves plusieurs couches de terreau
et de fumier qu'on tasse convenablement. Cela fait, on sème...

— Des graines? dit Jeanne en interrompant vivement le jardinier.

— Non, cette fois, vous vous êtes trompée, mademoiselle.
Les graines, dont je vous parlais tout à l'heure sont trop difficiles
à recueillir. On ne s'en sert donc pas, mais voici comment on les
remplace. Ces fils blancs, que je vous ai désignés comme étant
les racines, se vendent chez les grainetiers sous le nom de *blanc
de champignon,* et ce sont eux qu'on sème ou mieux qu'on inter-
cale par fragments dans le terreau.

On arrose de temps en temps pour entretenir l'humidité et, au bout d'une trentaine de jours, les racines sont prêtes à donner naissance à de nouveaux champignons. Il suffit alors de la durée d'une nuit pour que le champignon sorte entièrement de terre.

Ces racines, ou ce blanc de champignon, peuvent ainsi produire des champignons pendant plusieurs mois.

— Pour conclure, dit alors Mme de Chanzy en prenant la parole, je demande à ma petite Jeanne la promesse de ne jamais cueillir de champignons d'aucune espèce.

— Ah! oui, maman, je te le promets! s'écria Jeanne avec une conviction facile à comprendre.

Le vieux jardinier avait disparu avec son petit-fils.

Tout à coup on entendit s'élever, dans la direction qu'ils avaient prise, des hurlements caractéristiques.

C'était, comme on le pense bien, le petit François qui, ayant désobéi une fois de plus à son grand-père en allant cueillir les champignons, recevait une jolie correction qu'il n'avait certes pas volée!

XXIV

e voudrais bien savoir ce que tu fais là? demanda Jeanne à son vieux jardinier qui taillait en biseau l'extrémité d'une petite branche.

— Je m'apprête à faire une *greffe*.

— Une greffe? répéta Jeanne ; qu'est-ce que c'est encore que cela?

— Vous voyez bien, mademoiselle, ce merisier qui a poussé dans ce coin de votre jardin?

— Oui.

— Ce merisier n'est autre chose qu'un cerisier sauvage dont je vais faire un cerisier civilisé.

— Que veux-tu dire?

— Les petites cerises qu'il produit, et qu'on appelle merises,

ne sont bonnes à être mangées que par les oiseaux. Eh bien, je
vais le forcer à nous donner désormais des cerises de Montmorency. Ce sera tant mieux pour nous, n'est-ce pas?

— Et tant pis pour les petits oiseaux! dit Jeannette.

— Oh! ceux-là trouveront toujours assez de nourriture autre
part. Ne vous inquiétez pas d'eux.

— Mais comment pourras-tu y parvenir?

— Très facilement. La branche que je viens de tailler en
biseau a été coupée par moi sur le cerisier que vous apercevez
là-bas, un cerisier de Montmorency. Suivez maintenant des yeux
l'opération. Je pratique, avec mon couteau, une fente sur la
grosse branche du cerisier sauvage et j'introduis dans cette fente
la partie taillée en biseau du cerisier civilisé, ou, si vous l'aimez
mieux, du cerisier de Montmorency.

Cela fait, pour que la petite branche demeure dans la fente
et pour qu'elle soit à l'abri de l'air et de l'humidité, je lie solidement le tout avec ces cordons de laine enduits d'onguent.

— Et alors? demanda Jeanne.

— Alors, les tissus du merisier et du cerisier vont se souder
et la sève du merisier pénétrera dans la branche du cerisier,
qu'elle nourrira, qui se développera et qui donnera d'excellents
fruits. J'abattrai les autres branches du merisier, et vous possé-
derez bientôt un superbe cerisier en place d'un arbrisseau de
nulle valeur.

— Mais, dit Jeannette dont le petit cerveau travaillait sans
cesse, si, au lieu d'une branche de cerisier, tu avais greffé une
tige de melon, l'arbre donnerait-il des melons?

— Non pas! pour que la greffe réussisse, il faut prendre des arbres de la même famille. Ainsi on peut greffer un pêcher sur un abricotier, un amandier sur un prunier, un rosier sur un églantier, mais la greffe de la vigne sur un noyer, ou du melon sur un merisier, comme vous le demandiez tout à l'heure, se dessécherait bien vite et finirait par mourir.

Il existe deux autres moyens de multiplier certains végétaux sans se servir de leurs graines. Ce sont la *bouture* et la *marcotte*.

La bouture consiste à couper une branche par ses deux extrémités de manière à en faire un tronçon plus ou moins long suivant les espèces. Il faut que ce tronçon possède de quatre à six nœuds...

— Des nœuds? dit Jeanne en interrompant le vieux jardinier. Qu'appelles-tu ainsi?

— Ces proéminences plus ou moins sensibles que vous trouvez sur les tiges et sur les rameaux et qui indiquent l'endroit où naîtront les bourgeons.

— Très-bien, j'ai compris.

— On plante alors le tronçon en l'enfonçant jusqu'au quart de sa hauteur, et on le couvre d'une cloche de verre pour l'abriter de la gelée et du vent. Des racines ne tardent pas à pousser à l'extrémité de la tige enfoncée en terre, et un nouvel arbre est ainsi obtenu.

— Et la marcotte? Qu'est-ce que la marcotte?

— C'est un procédé qu'on emploie principalement pour reproduire la vigne. On choisit sur le plant qu'on veut multiplier une branche assez voisine du sol pour qu'on puisse, en la recourbant, mais sans la casser, l'enfoncer dans une petite fosse où on la fixe avec des crochets et en la tassant avec de la terre.

L'extrémité de cette branche, qu'on a maintenue hors de la terre, continue à pousser tandis que son milieu plongé dans le sol humide ne tarde pas à émettre des racines.

Quand ces racines ont assez de force, il ne reste plus qu'à séparer la branche du premier plant pour en avoir un second tout semblable.

— C'est fort commode, dit Jeanne.

— Et tenez, mademoiselle, reprit Clément, le fraisier, dont nous avons déjà parlé, ne se reproduit pas seulement par graine, mais aussi par marcotte. Encore le fait-il de lui-même.

D'un bourgeon, rapproché de terre, sort une tige grêle et sans feuille, qu'on appelle *coulant*. Ce coulant s'enfonce en terre, rampe pendant une certaine étendue, pousse des racines, puis se redresse et produit un nouveau fraisier.

Le vieux jardinier, ayant fini de parler, donna un dernier coup d'œil à la greffe qu'il venait de faire sur le merisier.

Puis, tout à coup, il se mit à sourire.

— Pourquoi donc ris-tu? demanda Jeanne.

— Parce que cette greffe me rappelle une histoire bien amusante.

— Oh! raconte-la-moi!

— C'était en Afrique. J'étais alors soldat et les Arabes nous laissaient en repos. Chacun s'occupait comme il voulait ou comme il pouvait. Il y avait parmi nous un Parisien, garçon très spirituel, qui nous distrayait continuellement par ses saillies, ses boutades, ses récits et par des jeux qu'il inventait avec une facilité surprenante. Depuis quelque temps, le Parisien, comme nous l'appelions, semblait fuir notre société. Il s'absentait pendant de longues heures. Quand il rentrait, il avait l'air préoccupé et ne parlait à personne. Nous étions tous fort intrigués de sa conduite. Que pouvait-il préparer loin de nous et pourquoi s'entourait-il ainsi de mystère?

Un jour, à l'heure où le soleil se couchait derrière les montagnes, le Parisien nous apparut avec sa mine éveillée, un peu sceptique et rieuse d'autrefois.

Il tenait à la main une sorte de boîte recouverte d'un foulard.

— Mes enfants, nous cria-t-il en arrivant, ma fortune est faite!...

A ces mots, nous tendîmes l'oreille et nous ouvrîmes de grands yeux.

— J'ai découvert dit-il, un animal extraordinaire, comme il n'en a jamais existé en aucun temps et en aucun pays. Tout le monde voudra le voir et je ferai payer les curieux en conséquence!

— Mais nous, qui ne sommes pas riches, tu ne nous feras pas payer pour nous montrer ta trouvaille, lui répondîmes-nous en riant.

— Non, certes! Apprêtez vos yeux et regardez!

En même temps, il retirait de dessous le foulard une petite cage, dans laquelle se trouvait un animal effaré qui allait et venait, grimpait et sautait.

— Qu'est-ce que c'est que ça? s'écria-t-on d'une seule voix.

— C'est un petit rhinocéros! dit l'un de nous.

— Non, répondit le Parisien, malgré sa ressemblance avec le rhinocéros, cet animal n'en est pas un. Il est plus merveilleux encore : c'est un rat à trompe!...

En effet, cet animal était un rat, mais — chose prodigieuse! — ce rat avait une trompe.

Était-ce bien une trompe? Non, certainement. Cela ressemblait plutôt à une corne. Mais cette corne, poussée juste entre le nez et les yeux, n'était pas dure et elle était couverte de poil comme le reste du corps de cet étrange animal.

Notre étonnement ne cessait pas. Nous examinions ce rat à trompe, ainsi que l'avait baptisé le Parisien, et nous faisions mille suppositions.

— C'est donc cette bête qui motivait tes absences continuelles? demandâmes-nous à notre camarade.

— Oui, répondit-il, je l'avais aperçue un jour dans la montagne et depuis longtemps je lui tendais des pièges. Enfin, je suis parvenu à m'en emparer, mais ça n'a pas été sans peine, je vous en donne ma parole!

Le Parisien avait débité ces paroles avec le ton moqueur qui lui était propre, mais il me parut, à moi, encore plus railleur qu'à l'habitude.

J'examinai l'animal avec attention, mais je dois avouer qu'il était, en effet, réellement extraordinaire.

Le bruit de la découverte du Parisien se répandit rapidement; les journaux s'en occupèrent. De nombreux visiteurs vinrent de la ville voisine jusqu'au camp, et notre camarade y trouva son profit. Un jour, un vieux savant qui avait écrit un ouvrage pour démontrer, sans même l'avoir vu, que le rat à trompe n'existait pas, fut amené au camp par quelques amis.

Le Parisien, que l'incrédulité du savant avait froissé dans son amour-propre, fut bien aise, comme vous le pensez, de le convaincre de son erreur.

Mis en présence du phéno- mène, il fut impossible au savant de nier davantage.

Au contraire, d'incrédule qu'il était, il devint enthousiaste, et voulut à tout prix acheter l'animal.

Le Parisien, prenant alors sa revanche, refusa de le vendre; mais le savant insista tellement et offrit tant d'argent qu'il fallut bien céder.

Le Parisien échangea son animal contre la somme de cinq cents francs, ce qui nous parut non moins phénoménal que le rat lui-même.

Nous apprîmes bientôt que le savant écrivait un nouveau livre dans lequel il affirmait, cette fois, l'existence du rat à trompe.

Quand les camarades surent que les rats à trompe se ven- daient cinq cents francs, ils n'eurent plus qu'une idée, celle d'en attraper.

Dès qu'ils avaient quelques heures de liberté, ils se rendaient à la montagne, où ils cherchaient avec acharnement, mais toujours sans rien trouver.

Notre Parisien avait recommencé ses absences. Il cherchait sans doute de son côté. En effet, nous le vîmes un soir revenir avec la cage. Cette fois il possédait deux rats à trompe !

Ils furent aussitôt vendus à un second savant qui voulait combattre la théorie que le premier savant avait imaginée sur ces bêtes surprenantes.

Mais les autres soldats, voyant que leurs recherches ne donnaient aucun résultat, résolurent d'épier le Parisien afin de découvrir l'heureux endroit où les rats à trompe se laissaient prendre.

Ils le suivirent donc, sans qu'il s'en aperçût, et ils le virent entrer dans une caverne dissimulée au versant de la montagne par des broussailles et des arbustes qui en masquaient l'ouverture.

Ils attendirent qu'il en fût sorti et qu'il se fût éloigné pour y pénétrer à leur tour. Ils pensaient avoir trouvé la place où le Parisien faisait ses chasses merveilleuses.

En effet, c'était là, mais nullement de la manière que chacun le croyait avec une extrême naïveté, comme vous allez le voir.

A peine avaient-ils mis le pied dans la caverne, qu'ils aperçurent une grande cage contenant une douzaine de rats.

Ils s'approchèrent et que virent-ils alors ?

Ils virent que ces rats avaient effectivement des trompes, mais qu'ils avaient aussi la tête dans le plus pitoyable des états. Entre le nez et les yeux une large cicatrice indiquait que la peau

avait été fendue. Dans cette fente, une trompe avait été intro-
duite, puis la peau avait été soigneusement recousue tout autour
afin de maintenir cet appendice original.

C'étaient de simples rats ordinaires que le Parisien transfor-
mait en animaux-phénomènes!

Mais un mystère restait à éclaircir.

Cette trompe, cette fausse trompe, d'où venait-elle?

Au moment où les soldats se posaient cette question, un rat,
effrayé, sortit des profondeurs de la caverne et passa entre leurs
jambes.

Ce rat n'avait pas de trompe, lui, mais il avait le bout de la
queue coupé.

L'explication était enfin trouvée.

Notre malin de Parisien *greffait* tout simplement le bout de
la queue d'un rat sur la tête d'un autre rat. Il faisait sur des animaux la greffe que j'ai faite tout à l'heure sur le merisier.

— Oh! s'écria Jeanne stupéfaite, mais comment les savants
ne s'en étaient-ils pas aperçus?

— Parce que l'inventeur des rats à trompe attendait pour
les montrer que la soudure entre les tissus fût parfaite et que les
poils, complètement repoussés, eussent fait disparaître toute
trace de cicatrice.

— Et qu'est-il arrivé quand on a connu cette supercherie?

— On l'a ignorée longtemps encore, car les autres soldats,
au lieu de divulguer le secret du Parisien, se sont mis à l'exploi-
ter. Ils ont, eux aussi, confectionné des rats à trompe, et il y eut
bientôt un si grand nombre de ces animaux, qu'on ne trouvait

plus à les vendre. C'est alors seulement qu'une indiscrétion révéla le mystère de l'opération.

— Eh bien?

— Eh bien, les mystifiés voulurent se fâcher, mais on se moqua tellement d'eux, la chose étant véritablement très drôle, qu'ils finirent par rire comme les autres.

— Oui, dit Jeannette qui savait toujours à propos placer une petite réflexion, la chose était drôle... excepté pour les rats!

XXV

LE CHAGRIN D'YVONNE.

— Yvonne, ma sœur chérie, réponds-moi... Que se passe-t-il à la maison?... Pourquoi petit père et petite mère sont-ils tristes? Pourquoi Georges est-il parti?... Pourquoi pleures-tu?... Enfin, pourquoi as-tu de la peine?...

C'est Jeanne qui s'exprimait ainsi.

Elle venait de rencontrer sa sœur, marchant éplorée et seule, dans les allées du parc.

Le soleil se couchait. D'un gris rougeâtre, avec des taches sombres, une longue bande de nuages montait de l'horizon. Elle allait submerger l'astre immense.

Le calme s'étendait sur toute la campagne.

Les oiseaux se taisaient.

Les fleurs semblaient déjà dormir, et nulle brise ne donnait aux feuilles et aux branches le plus léger frisson.

Au milieu de ce silence majestueux de la nature, Yvonne, ne se croyant vue de personne, venait pleurer.

Jeanne s'était promis d'apprendre le chagrin mystérieux qui avait atteint sa famille.

Elle n'osait interroger ni son père ni sa mère.

Mais avec sa sœur Yvonne, elle était plus libre. Devant elle, ses lèvres sauraient s'ouvrir pour demander la vérité.

Yvonne la lui dirait. Et, peut-être, Jeannette pourrait-elle apporter à sa grande sœur quelque consolation.

Du moins, la chère fillette espérait cela.

Elle avait suivi Yvonne, au sortir du dîner.

Elle l'avait laissée s'éloigner du château.

Puis, certaine de n'être dérangée par aucun importun, elle s'était approchée d'Yvonne.

Celle-ci portait alors son mouchoir à ses yeux.

— Elle pleure ! se dit Jeannette.

Alors, elle avait couru vers elle, s'était jetée dans ses bras et lui avait posé les questions que l'on connaît.

Yvonne, se hâtant d'essuyer ses paupières humides, tâcha de sourire.

F. MÉAULLE

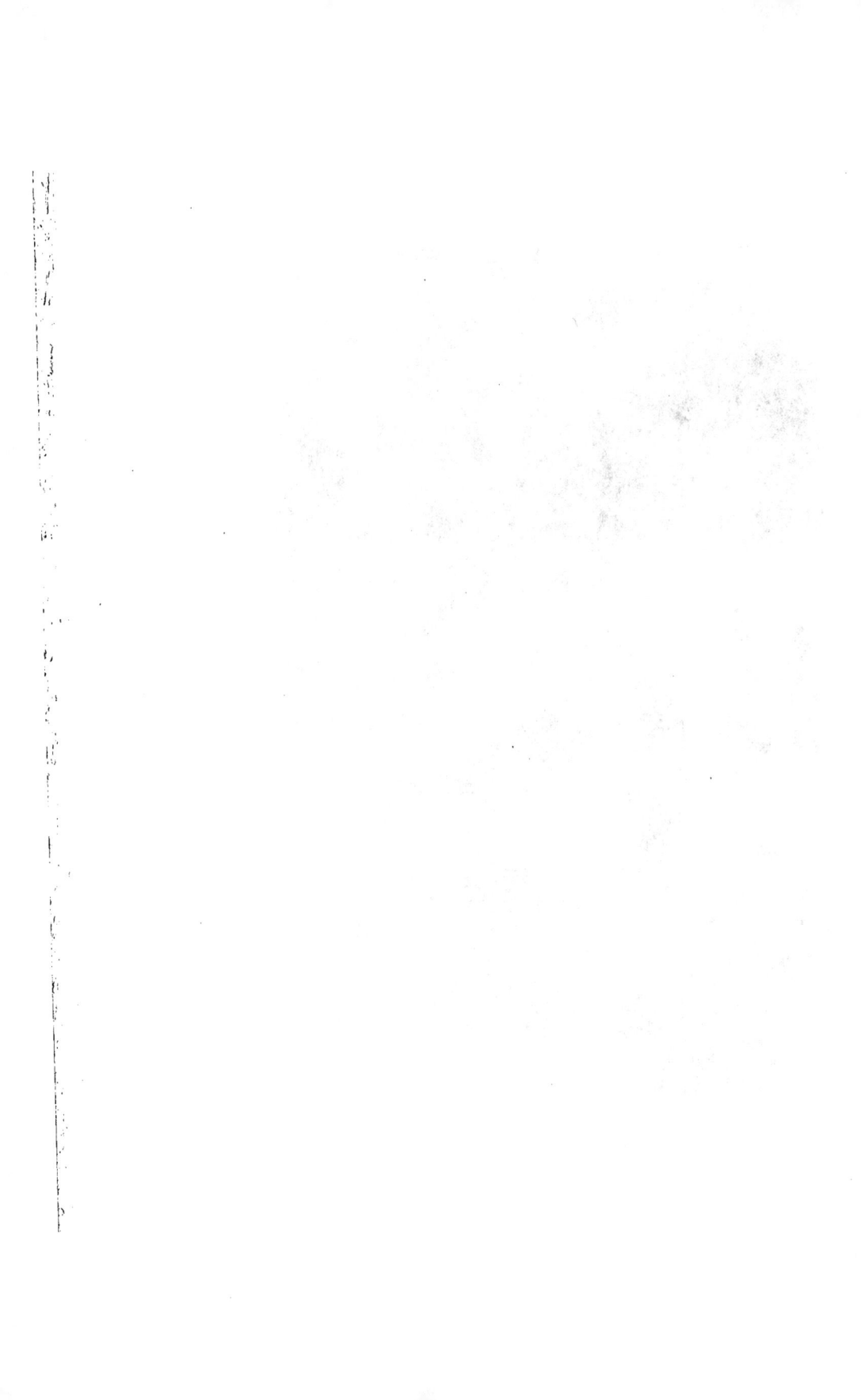

— Mais, je n'ai pas de peine ! répondit-elle.

— Si, tu en as !

— Je te jure...

— Ne jure pas, Yvonne, tu mentirais ! reprit Jeanne, toute câline.

— Que tu es enfant !

— Je suis une enfant, je le sais bien, mais je t'aime comme une grande personne et je voudrais te consoler !

— Chère Jeannette !...

— Dis-moi ! qu'as-tu ?

— Je n'ai rien ! reprit Yvonne tristement.

— Si, encore une fois... tu as quelque chose !

— Eh bien, oui... mais je ne peux te le dire !

— Oh ! je t'en prie !...

— D'ailleurs, tu ne comprendrais pas !

— Ah ! s'écria Jeannette avec un doux air de reproche, tu me réponds exactement comme Georges !

— Que veux-tu dire ?

— L'ayant rencontré l'autre jour, seul et triste comme toi maintenant, je lui ai demandé d'où venait son chagrin et il m'a répondu que je ne pourrais pas le comprendre.

Yvonne, à ce souvenir, baissa le front.

— C'est donc bien difficile à expliquer ? reprit Jeanne en s'obstinant dans ses questions. Et, si tu es malheureuse, moi qui t'aime, ne pourrais-je te consoler !... Oh ! c'est méchant de ta part de me croire trop petite pour ne pas me confier ta douleur !

Jeanne avait prononcé ces dernières paroles avec un accent

si ému qu'Yvonne se sentit remuée jusqu'au fond du cœur.

Elle embrassa sa petite sœur et la fit asseoir à ses côtés.

— Tu as raison, dit-elle, et je vais tout t'apprendre.

— Enfin! murmura Jeanne.

— Tu avais, n'est-ce pas, remarqué notre tristesse qui augmentait de jour en jour, jusqu'au moment où est parvenue la lettre qui rappelait Georges à Paris.

— Oui.

— En voici la cause : Georges est ruiné!

— Il est ruiné? répéta Jeanne qui ne comprenait pas encore.

— Oui, sa fortune et celle de son oncle se trouvèrent tout à coup compromises dans de graves opérations financières. M. de Villeray, l'oncle de Georges, conservait néanmoins un dernier espoir, mais la lettre qu'il envoyait à son neveu annonçait, hélas! que tout était désormais perdu.

— Eh bien? demanda Jeanne.

— Eh bien, Georges est pauvre maintenant, et il ne peut plus m'épouser.

— Il ne peut plus se marier avec toi parce qu'il est pauvre? s'écria Jeannette. Ah! tu avais raison de me dire tout à l'heure que je ne comprendrais pas.

Yvonne se taisait, absorbée dans ses pensées.

Jeanne reprit, après avoir réfléchi un instant :

— Pourtant, toi, tu es riche... si tu épousais Georges, il ne serait plus pauvre?

— C'est justement ce qui est impossible!

— Est-ce que c'est petit père qui ne veut pas?

— Oh! non, notre père est trop noble et trop généreux pour
s'arrêter devant un pareil obstacle. Mais Georges est trop fier
pour accepter ma main avant d'avoir refait sa fortune. Son oncle
partage ces sentiments pleins d'honneur, et il s'opposerait, au
besoin, lui-même à notre mariage.

— Je vois que tu es bien malheureuse! dit Jeanne à voix
basse.

— Oui! répondit Yvonne en étouffant un sanglot.

— Quand Georges sera-t-il redevenu riche? demanda naïvement Jeannette.

— Qui le sait? Et qui sait aussi quand nous le rever-
rons?

Yvonne laissa paraître sur ses traits une telle douleur que
Jeanne, dans un affectueux élan, ne put s'empêcher de se jeter à
son cou.

Elle pleurait, la chère petite, tout en murmurant :

— Console-toi, ma sœur... console-toi... tout n'est pas
perdu... notre père et notre mère sont trop bons pour vouloir
ton chagrin. Je suis sûre qu'ils trouveront un moyen de te rendre
le bonheur.

— Que Dieu t'entende!

Il se fit quelques instants de silence au bout desquels Jeanne
dit :

— Et moi? est-ce que je serai riche quand je serai grande?

— Sans doute! quand tu te marieras, nos parents te donne-
ront une dot, comme à moi. Pourquoi me fais-tu cette question?
ajouta Yvonne avec étonnement.

— Pour rien... répondit Jeanne en jouant l'indifférence...
pour savoir.

La nuit était tombée pendant cet entretien.

Les deux sœurs reprirent le chemin du château.

Chacune d'elles avait dans l'esprit des idées différentes.

Pendant qu'Yvonne continuait à se désoler, on eût pu voir,
s'il eût fait clair, un rayon d'espoir passer dans les yeux de Jeannette quand elle regardait sa sœur.

XXVI

Ce matin-là, Jeanne avait quitté sa chambre de bonne heure.

Elle aperçut Clément Castor qui se rendait au travail, et courut vers lui :

— Je vais voir avec toi, lui dit-elle, si mes fleurs ont bien dormi cette nuit.

— Vous employez en ce moment, mademoiselle, une expression plus juste que vous ne le croyez probablement. Les plantes dorment, en effet.

— Elles dorment... pour de bon? s'écria Jeanne.

— Pour de bon! répéta en souriant le vieux jardinier. Vous allez en être convaincue.

Clément conduisit Jeanne devant une des pelouses de son jardin.

— Voyez, dit-il, cette plante. C'est le mouron si cher aux petits oiseaux. Le soleil va bientôt le frapper. Alors il s'éveillera, c'est-à-dire il redressera sa tige et ses feuilles et ouvrira les pétales de ses fleurs, qu'il a eu grand soin de fermer hier soir avant de s'endormir.

— Et pourquoi a-t-il eu ce soin?

— Pour mettre à l'abri du froid de la nuit ses étamines, son pistil, son ovaire, enfin ses organes les plus précieux.

— Alors les fleurs ferment leurs pétales la nuit, comme nous fermons les fenêtres de nos chambres à coucher?

— Mais oui. De plus, cette modeste petite plante devine le temps qu'il fera dans la journée. S'il devait pleuvoir aujourd'hui, elle ne se réveillerait pas, ses fleurs resteraient closes.

— Elle indique le temps comme le baromètre de papa?

— Et peut-être plus sûrement encore.

Examinez aussi ces pâquerettes et ces soucis. Vous allez les voir se réveiller et ouvrir leurs fenêtres au bon soleil, qui demande déjà à entrer.

En effet, le gracieux réveil des fleurs s'opérait comme l'avait dit Clément.

— Alors elles se sont reposées comme nous, cette nuit?

— Cela est probable.

— Comme les plantes sont pleines de surprises !

— Et comme elles sont intelligentes ! Il y en a qui forment avec leurs feuilles un véritable berceau sous lequel s'abritent leurs fleurs. De ce nombre est ce trèfle incarnat que vous avez manqué d'écraser.

— Oh ! la pauvre plante ! ne put s'empêcher de dire Jeannette en se reculant.

— La balsamine se conduit de la même manière que le trèfle. Les arroches enveloppent, la nuit, entre deux feuilles leurs jeunes bourgeons.

— Les plantes s'endorment-elles et se réveillent-elles toutes en même temps?

— Mais non, il en est des vigilantes et des paresseuses. Les unes dorment plus longtemps que les autres.

Un célèbre botaniste, qui se nommait Linné, se basant sur ces faits, avait planté, dans un même parterre, des fleurs qui se réveillaient toutes à des heures différentes.

— Quelle gentille horloge ! Tu m'en feras une pareille, n'est-ce pas?

— Nous essayerons.

— D'après ce que tu viens de m'apprendre, je vois que les fleurs ont des mouvements. J'en suis bien étonnée, car je les croyais immobiles.

— Vous vous trompiez, ma chère demoiselle. Vous avez vu souvent des hélianthes?

— Des hélianthes?

— Ces plantes, dont les tiges droites et robustes atteignent

un ou deux mètres de hauteur, dont les larges pétales se ter-
minent brusquement en pointe, et qui portent des fleurs très
grandes et d'un jaune éclatant?

— Tu veux parler des soleils?

— Justement. Hélianthe, qui est le nom botanique de ce
végétal, signifie, du reste, fleur du soleil. Elle est ainsi nommée
parce qu'elle a la faculté de tourner constamment ses fleurs du
côté du soleil.

Elle n'est pas la seule, d'ailleurs. Beaucoup de ses compagnes
tournent le matin leurs fleurs vers le soleil levant et le soir vers
le soleil couchant.

A toutes les plantes le soleil est nécessaire; et, toutes, elles
savent éviter les obstacles pour se retrouver en présence de ses
rayons bienfaisants.

— Les fleurs sentent donc ce qui leur fait du bien?

— Oui, les fleurs sont sensibles, et je vais vous en fournir
les preuves.

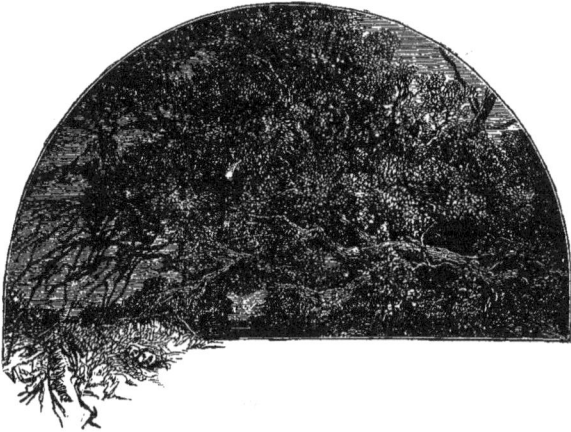

XXVII

LES FLEURS SENSIBLES.

Le vieux jardinier s'approcha d'une haie qui formait une partie de la clôture du jardin de Jeanne.

Il montra à sa jeune maîtresse un arbrisseau touffu, épineux, à l'écorce grise, aux feuilles dentées et dont les petites fleurs colorées naissaient à la base d'épines à deux ou trois pointes.

— Vous devez savoir, dit-il, le nom de cet arbrisseau, car vous avez mangé, sans doute, de ses fruits dont la saveur est acidulée comme du vinaigre.

— N'est-ce pas l'épine-vinette?

— En effet.

Clément cueillit une fleur de l'épine-vinette et dit :

— Je vais piquer avec une épingle les étamines de cette fleur. Vous verrez qu'elles le sentiront.

Le vieux jardinier fit ce qu'il avait annoncé.

Aussitôt les étamines s'agitèrent.

Elles ne reprirent leur position primitive qu'au bout de quelques instants.

— Tu leur as fait du mal, s'écria Jeanne. Elles l'ont bien senti, j'en suis sûre!

— Vous voyez donc que les étamines de l'épine-vinette sont sensibles. Vous allez observer maintenant une autre plante dont les feuilles jouissent d'une faculté semblable.

Clément amena Jeannette devant une gracieuse plante dont les feuilles se divisaient elles-mêmes en plusieurs petites feuilles ou folioles.

— Voici une sensitive. Elle va, tout de suite, justifier le nom qu'elle porte.

— Que faut-il faire?

— Touchez légèrement à ses feuilles.

Jeanne suivit le conseil de son vieux jardinier et elle fut aussitôt témoin de ce phénomène :

La sensitive redressa ses folioles et les appliqua les unes contre les autres.

On eût dit que la pauvre petite plante était saisie d'effroi et que, ne pouvant se défendre, elle cherchait au moins à se protéger.

Quelques minutes s'écoulèrent, puis, lentement elle rouvrit ses fragiles folioles.

Elle était, sans doute, rassurée !

Jeanne recommença plusieurs fois l'exercice. Elle ne revenait pas de son étonnement, et elle se promit bien de le faire partager à son ami Jean dès sa première visite.

Elle regarda Clément, espérant qu'il allait lui montrer quelque autre merveille.

— Cette sensitive, dit-il, est la seule que nous possédions en France.

On en connaît deux autres beaucoup plus sensibles : l'une au Sénégal, l'autre dans l'Amérique du Nord.

La première se nomme le Bonjour parce qu'il suffit de lui parler pour qu'elle incline sa tige et ses feuilles. On croirait qu'elle répond au salut.

La seconde est l'attrape-mouche.

— Elle attrape des mouches! s'écria Jeanne en riant. Comment fait-elle?

— L'extrémité des feuilles de cette sensitive est garnie de petits aiguillons et sécrète une liqueur dont les mouches sont friandes.

Quand l'un de ces insectes étourdis a l'imprudence, entraîné par sa gourmandise, de venir se poser sur la feuille de la sensitive, celle-ci se ferme aussitôt en écrasant la mouche entre ses aiguillons.

— Oh! dit Jeanne indignée, et qu'en fait-elle?

— Elle la mange... peut-être !

— Comment pourrait-elle la manger?

— Il paraît que la liqueur sécrétée par la feuille dissout le cadavre de la mouche. Dans ce cas, cette dissolution infernale serait à son tour absorbée par la feuille elle-même.

Je viens de vous signaler la sensitive qui attrape des insectes et qui s'en nourrit. Il y a plus encore. Un voyageur affirme avoir vu dans une forêt une sensitive anthropophage!

— Anthropophage... cela veut dire? demanda tranquillement Jeannette.

— Qui mange des hommes!

— Ah! mon Dieu!

— Cette sensitive colossale se trouve à Madagascar, qui est une des plus grandes îles du globe, située dans l'océan Indien, à l'est de l'Afrique.

Elle se présente sous la forme d'un arbre de quatre ou cinq mètres de hauteur. De son sommet s'échappent huit feuilles très épaisses et longues de trois mètres environ. Elles pendent, inertes, vers la terre.

Le sommet est rond, blanc, d'une forme concave semblable à une grande assiette creuse.

Cette sorte d'assiette contient un liquide clair, visqueux, ayant la saveur du miel.

Ce liquide enivre et endort.

Sous les rebords de l'assiette, on aperçoit de nombreux rejetons chevelus et verts, qui se dirigent dans toutes les directions vers l'horizon.

Chacun de ces rejetons a deux ou trois mètres de longueur et se termine en pointe.

Au-dessus d'eux six longues tiges flexibles et blanches s'élancent vers le ciel.

Douées de mouvement, ces tiges s'agitent et se tordent sans cesse.

Le voyageur qui découvrit ce végétal extraordinaire raconte que les habitants sauvages de ce pays considèrent cette sensitive comme un arbre sacré.

C'est lui qui leur sert dans les sacrifices humains. Et il fut donné à ce voyageur d'être le témoin de cet événement épouvantable.

Les sauvages arrivèrent devant l'arbre sacré en exécutant des danses folles et en chantant des hymnes.

Peu à peu leurs chants et leurs cris devinrent plus perçants et plus furieux.

Alors ils entourèrent un homme, un sauvage d'une peuplade voisine qu'ils avaient fait prisonnier, et ils le poussèrent avec la pointe de leurs sagaies.

Ils le forcèrent ainsi à grimper sur le sommet de l'arbre et à s'y asseoir, au milieu des tiges qui s'agitaient autour de lui.

Un phénomène stupéfiant allait s'accomplir.

Le condamné était terrifié.

Les sauvages lui ordonnèrent alors de boire du liquide enivrant contenu dans le creux du sommet de l'arbre.

Le condamné hésita. Les menaces des sauvages se traduisaient pourtant par des cris effroyables.

Bientôt ils ajoutèrent le geste à la parole, s'apprêtant à percer le malheureux de leurs flèches.

Enfin la victime se décida à obéir. Elle but une première fois; puis, l'ivresse de la dangereuse liqueur s'emparant d'elle, elle but encore.

Alors elle se redressa et voulut se précipiter à terre.

Il se passa alors ce fait presque surnaturel :

Les tiges mobiles, qui, depuis quelques instants, s'agitaient en mouvements désordonnés, se rabattirent soudain sur le condamné, enserrant ses bras et sa tête.

Puis les rejetons, semblables à de grands serpents, se relevèrent l'un après l'autre et enveloppèrent son corps avec une rapidité infernale.

Enfin les grandes feuilles se redressèrent lentement, et à leur tour enveloppèrent le malheureux, qui avait cessé de gémir depuis quelques minutes. Elles le pressèrent et l'écrasèrent, comme les feuilles de la sensitive attrape-mouche font de l'insecte, et comme elles, sans doute, elles se repurent de cette dissolution diabolique.

— Et c'est vrai, tout ça? demanda Jeanne avec un intérêt aussi profond que son étonnement.

— Dame! répondit le vieux jardinier, je n'ai pas été témoin de ces choses, je ne fais que vous raconter ce que j'ai lu. Pour vous en assurer, il faudrait...

— Aller dans ces vilains pays? dit Jeannette en interrompant Clément.

— Mon Dieu! je ne vois pas d'autre moyen...

— Eh bien, si tu veux, fit Jeanne en souriant, nous resterons
ici?

— Mademoiselle, répliqua tranquillement le vieux jardinier,
je suis tout à fait de votre avis.

XXVIII

— Eh bien, puisque nous ne partons pas pour le pays des sensitives anthropophages, dit Clément Castor, j'ajouterai quelques mots à la sensibilité des fleurs et je vous dirai que les plantes sont encore assez intelligentes pour savoir se diriger.

— Quoi! s'écria Jeanne, elles peuvent aller où elles veulent? Il ne leur manque plus alors que la parole!

— Aller où elles veulent est peut-être une expression exagérée, mais qui renferme cependant quelque chose de vrai.

— Tenez! vous connaissez les vrilles de la vigne?...

— Oui, ces filaments verts qui se tortillent et ne sont bons à rien.

— Pardon, ils peuvent être quelquefois utiles.

— A quoi donc?

— Vous allez le savoir. Ces vrilles, dès qu'elles grandissent,
n'ont rien de plus pressé que de s'accrocher à un objet quel-
conque, à un échalas, à une tige d'arbre, à un clou, enfin à ce
qu'elles trouvent à leur portée. Eh bien, en s'accrochant ainsi,
elles serviraient au besoin à soutenir les branches de la vigne.
Elles empêcheraient les grappes de raisin de traîner sur le sol et
de s'y gâter. Aujourd'hui que la vigne est considérée comme une
de nos plantes les plus précieuses, on en prend un soin extrême
et ses vrilles n'ont plus leur raison d'être. On en détruit alors le
plus possible. Mais celles qui restent ont une faculté dirigeable
très évidente.

— Comment la montrent-elles?

— D'une manière bien simple. Supposez que vous voyez
une de ces vrilles se diriger vers un clou fiché dans le mur. Lais-
sez-la faire son chemin pendant quelque temps. Puis, quand vous
la verrez près d'atteindre au but, retirez le clou et enfoncez-le
du côté opposé.

— Qu'arrivera-t-il?

— La pauvre vrille sera d'abord désappointée. Tant d'efforts
dépensés en pure perte! Elle regardera autour d'elle pour voir
s'il n'y a pas dans les environs un autre point d'appui, et, si elle
n'en trouve pas, elle se décidera à se retourner et à se diriger
vers le clou, où elle s'attachera cette fois et, probablement, avec
une certaine satisfaction.

— Mais c'est de l'intelligence, cela! ne put s'empêcher de
crier Jeannette.

Le vieux jardinier la laissa dire et continua :

— Autre exemple : le vent, un oiseau ou un insecte avait apporté sur le bord d'un ruisseau la graine ailée d'un frêne.

Cette graine germa et devint arbrisseau.

Dès que ce jeune frêne eut l'âge de raison, il vit que le terrain situé de l'autre côté du petit ruisseau lui donnerait une nourriture bien préférable à celle qu'il mangeait tous les jours. Il comprit qu'il dépérirait en restant à la place où le hasard l'avait jeté, et il se promit de s'en aller vers la bonne terre.

Savez-vous ce qu'il fit? Il étendit peu à peu quelques racines par-dessus le petit ruisseau, et, quand elles eurent traversé cet obstacle, il les enfonça dans la terre. Pendant quelque temps ce frêne intelligent avait une partie de ses racines dans le mauvais terrain et une autre dans le bon, de telle sorte que le petit ruisseau passait sous elles comme sous un pont.

Quand il fut certain que les racines enfoncées dans le bon terrain étaient assez fortes pour le supporter, il laissa se flétrir les autres, et, un beau jour, il se trouva transporté de l'autre côté du ruisseau.

— Il l'avait traversé à pied sec ! dit Jeanne en riant.

— Ou plutôt à racine sèche, reprit sur le même ton Clément Castor.

— On dirait vraiment, dit Jeanne, que la plante est une créature animée !

— Il y a des savants modernes qui croient que les plantes ont une âme, et des savants anciens les ont mises au rang des animaux.

— Et toi, qu'en penses-tu?

— Moi, je ne me prononce pas, je me contente d'observer.

Après cette sage parole, le vieux jardinier reprit :

— En regard de ces plantes intelligentes, il faut en placer d'autres, et je dois vous dire que certains végétaux envoient leurs

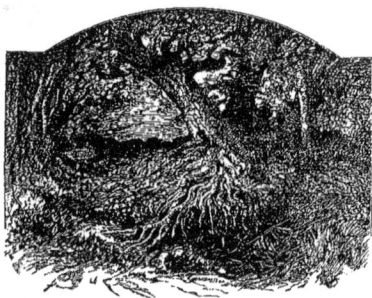

racines à tort et à travers, sans savoir distinguer une terre fertile d'un terrain aride.

— Ce sont des plantes bêtes.

— Probablement!... Quant aux plantes intelligentes, elles savent aussi bien diriger leurs tiges que leurs racines, et elles les conduisent toujours à la recherche du soleil.

Vous avez vu, dans les bois, des arbres qui semblent s'être tordus eux-mêmes, n'est-ce pas?

— En effet...

— Eh bien, ces arbres-là ont commencé par monter droit
devant eux, mais leurs aînés leur ravissant la lumière du soleil,
ils se sont arrêtés dans leur croissance pendant quelque temps.
Ils ont cherché de quel côté ils pourraient le plus facilement
obtenir leur part de soleil et ils se sont inclinés, penchés,
tordus de ce côté-
là pour se redres-
ser de nouveau
quand ils ont eu
atteint le but dé-
siré.

Croyez - vous
que le lierre cause
volontairement la

mort du chêne qu'il enlace de ses tiges et qu'il étouffe de ses
feuilles épaisses?

Nullement. Ce que veut le lierre, semblable aux autres
plantes, c'est le soleil. Sa faiblesse ne lui permet pas de monter
seul, il choisit un aide. L'arbre sera l'échelle qu'il gravira pour
arriver au ciel.

La plante sait diriger non seulement ses racines, ses tiges, et ses fleurs, ainsi que nous l'avons déjà vu, mais encore ses feuilles. Si je plaçais au-dessus de la feuille de vigne vierge,

que voici une petite planche qui lui cache le soleil, vous verriez bientôt cette feuille s'incliner à droite ou à gauche et se contourner jusqu'à ce qu'elle soit sortie de dessous la planche. Pour revoir son cher soleil, elle usera toutes ses forces.

Le vieux jardinier finissait à peine sa phrase, quand Jeanne s'écria :

— Oh!... Qu'est-ce qu'il a sur le nez?...

On va connaître le motif de cette exclamation et de cet étonnement.

XXIX

PRÉVOYANCE MATERNELLE DES PLANTES.

Cette exclamation était à l'adresse de François qui accourait auprès de Jeanne.

Le petit-fils du jardinier, pour faire rire sa petite amie, s'était orné le nez d'une chose qui paraissait étrange à Jeannette.

— Mais qu'est-ce que cela? répéta-t-elle avec un commencement d'effroi. Serait-ce une bête?...

— Rassurez-vous, mademoiselle, dit Clément Castor, ce n'est qu'une graine d'érable.

En effet, le petit François s'était amusé à cueillir une graine d'érable qui allait mûrir, et, imitant ce qu'il avait vu faire à quelques camarades, il en avait entr'ouvert l'extrémité qu'il s'était ensuite appliquée sur le nez. Les sucs de la graine la retenaient collée sur l'appendice nasal de François, qui avait ainsi l'air de posséder une petite corne au milieu du visage.

— Une graine d'érable! avait répété Jeanne en tournant vers son vieux jardinier un regard interrogateur.

— Oui, mademoiselle, faites quelques pas avec moi et nous allons nous trouver devant l'arbre qui produit ces graines.

Clément conduisit alors Mlle Jeanne devant un arbre peu élevé, aux feuilles arrondies, à lobes échancrés, et légèrement velues, des branches duquel pendaient des grappes de graines vertes.

— Voici un érable, dit-il. Son nom signifie dur en latin, c'est une allusion à la dureté de son bois. Cet arbre possède des fleurs de différentes sortes : les unes complètes, les autres incomplètes.

Les fleurs complètes sont munies d'ovaires et d'étamines; les incomplètes n'ont que des ovaires ou que des étamines. C'est encore un autre mode de floraison que je suis bien aise de vous signaler.

La fleur complète a deux ovaires accolés l'un à l'autre. Sur les ovaires poussent des membranes qui ressemblent à des ailes. Vous les avez vues sur le nez de monsieur mon petit-fils et vous les voyez maintenant sur l'arbre même.

— Les ailes, dit Jeanne, cela sert à voler.

— Précisément! Aussi est-ce pour que sa graine, assez lourde, puisse s'envoler au loin, emportée par le vent, que l'érable lui a donné des ailes.

Les plantes sont des mères prévoyantes. Elles veulent que leurs enfants, qui sont les graines, puissent se rendre dans les terres favorables et germer à leur gré.

Si la graine tombait juste sous l'arbre, elle serait étouffée par son ombre et ne rencontrerait pas, dans le terrain, la nourriture nécessaire, puisque les racines maternelles en absorbent les principaux sucs.

La plante s'est probablement rendu compte de ces choses. Aussi, dans sa sollicitude, a-t-elle donné à ses petits la faculté de s'éloigner d'elle. Elle leur souhaite bon voyage, mais elle est rassurée sur leur sort, comme une mère qui ne laisse partir son fils pour un long temps qu'après l'avoir muni de tout ce qui peut lui être utile en son absence.

Le chardon et le bluet ont pourvu leurs graines de panaches et d'aigrettes qui donnent prise au moindre vent.

La giroflée a taillé les siennes en forme d'écailles prêtes à s'envoler. Le cyprès a permis à ses graines de s'élever jusqu'au sommet des montagnes.

D'autres plantes ont donné à leurs graines le moyen de naviguer. Telle la noix qui se trouve entre deux esquifs.

L'olivier a mis sa graine dans une espèce de petit tonneau qui peut rouler et accomplir de longs trajets.

L'if a creusé la sienne en grelot. Quand elle tombe dans l'eau, il s'y loge une bulle d'air qui la ramène à la surface et la maintient dans le courant qui l'entraîne au loin.

La balsamine projette elle-même ses graines mûres avec force et les disperse sur le sol.

Un arbre d'Amérique, le sablier, agit de même et lorsqu'il brise les coques de ses graines, il le fait si violemment qu'on entend de véritables petites détonations.

Il existe un arbrisseau, que vous avez vu dans les bois et qu'on appelle à tort pistachier ; son nom est arachide.

Eh bien, l'arachide a pour sa graine une prévoyance toute spéciale. Cette graine est enfermée dans une gousse qui s'enfonce d'elle-même en terre et qui met ainsi la graine à l'abri.

Que dites-vous de cela, mademoiselle Jeanne ?

— Je dis que plus j'apprends et plus je vois que les plantes ont aussi une intelligence. Cependant il y a beaucoup de graines qui sont lourdes et qui ne possèdent ni ailes, ni aigrettes, ni bateaux ?

— Oui, mais les oiseaux sont là ; semblables aux insectes qui transportent le pollen d'une fleur à une autre, ils emportent au loin des baies, des graines dérobées à coups de bec. Qu'ils les laissent tomber sur le sol, dans la fente d'un rocher, sur des murs en ruines, et bientôt elles germeront. Outre les oiseaux, les mulots, les loirs, les hérissons et beaucoup d'autres petits animaux, amateurs de graines, se chargent de cet office.

Il arrive quelquefois que la graine ne saurait prospérer que dans le sol où vit la plante-mère. Je vous en ai déjà cité un exemple en vous parlant de l'arachide. En voici un autre que j'emprunte à un arbre des pays chauds, le manglier.

Le manglier, qui pousse sur les bords de l'Océan, ne se sépare de sa graine que lorsque celle-ci possède une petite racine qui lui permet de s'enfoncer dans le sol immédiatement après sa chute. On voit même souvent cette racine toucher déjà la terre tandis que la graine est encore suspendue à l'arbre.

Cela poutrait s'appeler, n'est-ce pas? le comble de la prévoyance.

XXX

LES CÉRÉALES.

Sous le large parasol japonais, aux couleurs éclatantes, aux dessins fantastiques, qui les abritait des chauds rayons du soleil de juillet, Jeanne et son ami Jean allaient, hors du jardin, vers les champs couverts de moissons.

15

Mme de Chanzy avait envoyé chercher le petit garçon de Mme de Fontane pour qu'il apportât un peu de gaieté à la chère Jeannette enveloppée, malgré elle, dans l'inquiétude de tous.

Cependant Jeanne, donnant le bras à son jeune cavalier, se laissait conduire doucement, sans l'effusion de joie et sans les rires accoutumés.

Jean voyait bien que sa chère compagne était préoccupée ; il comprenait qu'un fait, dont il ne pouvait deviner la cause, mettait ailleurs l'attention de Jeannette.

Il se taisait, pris par la contagion de la tristesse, attendant que son amie eût chassé ses idées sombres.

Devant eux s'étendait un océan d'épis d'or que le vent ondulait en vagues ininterrompues.

Les avoines, les blés, les seigles, les orges — ces ouvriers du monde végétal, — s'apprêtaient à murir.

Jeanne regardait sans voir, mais Jean l'ayant quittée pour cueillir des épis, elle revint à elle et cria :

— Il ne faut pas toucher à cela! c'est défendu!...

— Tiens! pourquoi? répondit Jean, déjà les mains pleines.

— Ce sont ces plantes qui nous donnent le pain et qui nous sont les plus précieuses ! Ne le sais-tu pas?

— Non ! dit Jean avec la plus profonde insouciance.

— Eh bien, conserve ces épis et allons les montrer à Clément Castor. Il saura, sans doute, te répondre mieux que moi.

Bras dessus, bras dessous, les deux enfants retournèrent vers le jardin, où ils n'eurent pas de peine à trouver le vieux jardinier.

— Jean me demandait, dit Jeannette, ce que c'est que ces plantes-là ; je lui ai répondu que c'était du blé.

, — Il y a, en effet, du blé, reprit Clément en prenant les épis, mais il y a encore du seigle, de l'orge et de l'avoine. Ces plantes sont, toutes, d'une même famille qui s'appelle la famille des graminées.

— Graminées ? répéta Jeanne.

— Oui, graminées d'un mot latin signifiant herbe. Les anciens supposaient que ces plantes étaient sous la protection de la déesse Cérès ; aussi les nomme-t-on encore céréales.

Clément fendit en deux la tige d'une graminée :

— Cette tige, dit-il, est creuse, comme vous le voyez ; et elle prend le nom de chaume.

— Mais est-ce donc avec cela que les paysans font les toits de leurs... maisons ?

— Vous hésitez, mademoiselle ! dites : de leurs chaumières. Vous emploierez ainsi le mot propre.

— C'est vrai ! murmura Jeanne. Et ces nœuds qui se trouvent espacés sur le chaume, à quoi servent-ils ?

— Ces nœuds, d'où naissent les feuilles, ne sont pas creux comme la tige. Ils sont pleins au contraire. La plante a accumulé dans eux tous les matériaux solides dont elle pouvait disposer. Elle a même trouvé le moyen d'y introduire du sable en guise de ciment ! Ces nœuds donnent au chaume une force suffisante pour grandir et pour résister au vent et à la pluie.

— Voilà encore une plante qui n'est pas bête ! se dit Jeanne à elle-même.

— Les fleurs des céréales se disposent en spirale sur l'axe de la tige, et ce mode de floraison a reçu le nom d'épi. Quant au calice de chaque fleur, il prend ici le nom de glume. Je n'ai pas besoin de vous signaler l'utilité du grain de blé, n'est-ce pas, mademoiselle Jeanne? Vous savez fort bien qu'on le moud pour en obtenir la farine qui donne le pain.

Et, cependant, on n'a pas su faire du pain dans tous les temps. Les anciens délayaient tout simplement un peu de farine dans de l'eau et se contentaient de cette nourriture.

— Eh bien, ils n'étaient pas difficiles !

— Certes, on ne peut pas les trouver difficiles, comme vous le dites, surtout si l'on compare leur aliment avec le beau pain blanc que nous mangeons aujourd'hui. Je dois ajouter, néanmoins, qu'il existe encore des contrées dont les pauvres habitants ne se nourrissent que d'avoine.

— Comme les chevaux ! s'écria Jeanne avec étonnement.

— Oh ! non, ces malheureux écrasent les grains d'avoine et font du pain avec la farine obtenue, et ce pain est aussi mauvais et aussi grossier que le pain d'orge.

En même temps, le vieux jardinier montrait la différence existant entre l'épi de l'avoine et celui de l'orge.

— Et celui-ci? dit Jeanne en prenant un épi comprimé, oblong, penché, aux glumes terminées par de larges arêtes, c'est un épi de quoi ?

— De seigle.

— Mais c'est bon, le pain de seigle !

— Euh ! euh ! quand on n'en mange pas tous les jours.

— Tu as peut-être raison, répondit Jeanne, puis elle reprit :
Et le pain de gruau, avec quoi le fait-on?

— Avec de la farine d'avoine, mais de la farine extraite de
grains choisis exprès et mêlée à de la farine de blé.

Pendant cette conversation, Jean, qu'elle n'intéressait pas
beaucoup, ne disait mot et regardait distraitement les fleurs du
jardin ou les oiseaux qui passaient.

Mais, quand il eut surpris la dernière question de Jeannette,
il lui vint à l'idée d'en poser une autre à son tour au vieux jardinier.

Et alors, il dit naïvement :

— Et le pain d'épice... avec quels épis est-il fait?

Clément Castor ne put s'empêcher de sourire avant de
répondre à son interrogateur.

— On ne fait aucune espèce de pain avec les épis. Si vous
nous aviez écouté, monsieur Jean, vous le sauriez. C'est de la
farine qu'on emploie pour cela. Et, pour le pain d'épice, on se
sert de la farine d'avoine et de la farine d'orge.

— Comment? dit Jeanne en interrompant, deux mauvaises
choses!

— Oui, mais deux mauvaises choses qui sont mélangées
avec une autre chose exquise.

— Qui est?

— Le miel.

— Ah! fit Jeanne qui se souvenait de la visite aux abeilles,
ça, c'est vrai!

Cette causerie avec son vieux jardinier avait distrait Jeannette des pensées qui occupaient son esprit. Mais il n'en était pas de même pour Jean, qui continuait à ne pas s'amuser d'une façon extraordinaire.

Jeanne s'en aperçut. Elle se dit qu'elle ne devait pas faire partager toute sa tristesse à son petit ami. Et, alors, elle l'emmena au château chercher des jouets qui leur permirent de rattraper ce que Jean appelait : le temps perdu.

XXXI

On se rappelle les tristes confidences qu'Yvonne avait faites à sa petite Jeanne. On sait que Jeanne avait posé différentes questions à sa grande sœur et qu'elle s'était promis de trouver le moyen de la consoler.

Jeanne avait beaucoup réfléchi depuis le soir où Yvonne lui avait fait l'aveu de sa douleur.

Le mariage d'Yvonne était rompu parce que Georges était ruiné. L'oncle s'opposait à leur union avant que Georges fût redevenu riche. Voilà les deux idées qui ne sortaient pas de la tête de Jeanne. Que faire pour écarter ces obstacles? Rendre à Georges la fortune qu'il avait perdue et obtenir de l'oncle qu'il donnât son consentement au mariage. Mais, cette fortune, où la prendre ?

Jeannette n'avait pas demandé sans but à Yvonne si elle aussi serait riche un jour. Et quand sa sœur lui avait répondu qu'elle recevrait, en se mariant, une dot égale à la sienne, cette réponse n'était pas tombée dans l'oreille d'une petite étourdie.

Après avoir pesé mille et mille projets, après de nombreuses hésitations, elle pensa avoir résolu le terrible problème.

Elle s'enferma dans sa chambre, prit sa plume et écrivit la lettre suivante qui dénotait son excellent cœur en même temps que son adorable naïveté :

« Monsieur l'oncle de mon ami Georges,

« Vous ne savez peut-être pas que ma sœur Yvonne a un grand chagrin et que papa et maman sont bien tristes? Cela vient de ce que Georges ne peut plus se marier avec Yvonne. On dit que c'est parce qu'il n'est plus riche que ce mariage est impossible, et que c'est votre avis et votre volonté. Il y a sans doute des raisons que je ne pourrais pas comprendre, moi qui suis toute petite, et, pourtant, je crois avoir découvert le moyen de tout arranger.

« Je sais que vous aimez bien votre neveu Georges, et je sais que vous nous aimez également tous, ici. Vous ne voudriez pas faire le malheur de tout le monde si l'on pouvait faire autrement, n'est-ce pas, monsieur l'oncle?

« Eh bien, on peut faire autrement : J'ai appris que je serai riche quand je serai grande et que si je me mariais, on me don-

nerait une belle dot. Eh bien, voyez-vous, monsieur l'oncle, je
n'aurai jamais envie de me marier, moi, j'en suis bien sûre. Alors
voici ce que je ferai : je demanderai à papa qu'il me donne tout
de suite ma dot, et je la donnerai à mon ami Georges. Comme
cela, il sera redevenu riche et vous ne pourrez plus l'empêcher
d'épouser Yvonne. Alors tout le monde sera bien content, eux
d'abord, vous, papa et maman ensuite, et enfin moi, monsieur
l'oncle, qui suis votre petite et dévouée servante. »

Après avoir relu sa lettre, Jeannette signa fièrement : « Jeanne
de Chanzy ».

Puis, elle ajouta ce post-scriptum :

« Je vous demande de me garder le plus grand secret sur
cette lettre, car personne ne sait que je vous écris. »

Elle plia la feuille de papier, la mit sous enveloppe et écrivit
l'adresse du destinataire qu'elle s'était adroitement procurée en
interrogeant sa maman.

Mais ce n'était pas tout, il fallait faire parvenir cette lettre à
l'oncle de Georges et, pour cela, il fallait la mettre à la poste.

Jeanne savait bien où se trouvait la poste du village voisin,
mais elle n'eût pas osé s'y rendre toute seule.

D'autre part, elle ne voulait mettre aucune personne du
château dans sa confidence. Elle dut donc faire encore appel aux
ressources de son esprit.

Elle se rappela que la boulangère du village faisait quelquefois sa tournée du matin accompagnée de sa petite fille, Suzon.

Celle-ci était de l'âge de Jeanne, très gentille et très éveillée.

Jeannette avait souvent obtenu de sa mère l'autorisation de la faire rester quelques heures au château pour jouer avec elle.

Le plan de Jeanne était dès lors arrêté.

Elle n'avait plus qu'à guetter, le matin, l'arrivée de la boulangère et garder Suzon si elle était là.

Avec Suzon elle saurait bien s'esquiver du château et gagner le village. Avec Suzon elle n'aurait pas peur. Enfin Suzon connaissait peut-être quelque chemin plus court ou moins fréquenté que la grande route. De plus, Suzon lui était dévouée et garderait le silence sur ce voyage entouré de mystère.

XXXII

Le lendemain matin, dès le point du jour, Jeannette, réveil-lée, s'habilla à la hâte, descendit dans la cour et se promena dans les environs de la petite grille d'entrée. Elle semblait fort occupée à apprendre une leçon dans un livre qu'elle tenait à la main, mais, de fait, elle ne perdait pas la grille des yeux.

Après une faction, que son impatience et son inquiétude lui firent paraître fort longue, la cloche d'entrée sonna, annonçant un fournisseur.

Jeanne accourut et vit la boulangère :

— Suzon n'est pas là ? dit-elle, déjà toute contrariée.

— Pardon, mademoiselle, répondit la boulangère, elle me suit, et tenez, la voici.

— Quel bonheur ! ne put s'empêcher de s'écrier Jeanne. Eh bien, puisqu'elle est là, il faut me la laisser toute la matinée, n'est-ce pas ? Vous voulez bien ? Et, toi, Suzon, ajouta-t-elle en s'adressant à la petite fille, veux-tu rester à jouer avec moi ?

— Oh ! oui ! répondit Suzon avec un empressement facile à comprendre.

— Soit ! mademoiselle Jeanne, gardez-la, mais jusqu'à midi seulement, car il faut qu'elle aille à l'école.

Le hasard, comme on le voit, favorisait les projets de Jeannette.

Bien vite, elle expliqua à sa petite compagne le service qu'elle attendait d'elle.

Justement, Suzon connaissait un chemin très court pour se rendre au village.

Mais il fallait prendre à travers la forêt.

— Il n'y a pas de danger, au moins ? demanda Jeanne avec une crainte très explicable chez une enfant qui n'était jamais sortie seule du château.

— Quel danger voulez-vous qu'il y ait ?

— Que sais-je ? des voleurs... des brigands...

— Oh ! mamzelle, fit Suzon en riant, vous savez bien qu'on ne voit pas de ces gens-là dans le pays.

— C'est vrai, répondit Jeanne un peu rassurée.

Et, profitant d'un moment où personne ne les voyait, les deux petites filles tirèrent la petite grille et sortirent du château.

— Il faut marcher vite, dit Jeanne, car si on s'apercevait de mon absence, on serait bien inquiet !

Jeannette regrettait un peu ce qu'elle entreprenait à ce moment, mais elle s'était trop avancée pour reculer.

Et puis, le bonheur de sa chère Yvonne ne se trouvait-il pas, dans sa pensée, au terme de la route ?

Jeanne et Suzon hâtèrent le pas et pénétrèrent bientôt dans le sentier de la forêt que Suzon disait connaître.

Elles marchèrent encore, toujours très vite.

Soudain, Suzon s'arrêta.

Elle regarda autour d'elle.

Puis, sa petite frimousse, d'ordinaire si éveillée, refléta une consternation profonde.

Alors elle se pencha à l'oreille de Jeanne et murmura ces paroles terribles :

— Mademoiselle... nous nous sommes perdues !...

— Ah ! mon Dieu ! mon Dieu ! s'écria Jeanne que les frayeurs du commencement de l'excursion revinrent assiéger de nouveau. Qu'allons-nous devenir ?

Cependant Suzon cherchait à s'orienter.

Elle crut reconnaître un massif d'arbres et emmena Jeanne de ce côté, en écartant les branches vertes qui, revenant sur elles-mêmes, les cinglaient au visage.

L'effroi de Jeanne s'était peu à peu communiqué à Suzon, qui se mit subitement à trembler et qui, saisissant la main de sa compagne non moins tremblante, lui dit à voix basse :

— Il y a quelqu'un... là !

En effet, au même instant, une grosse voix s'élevait de derrière un rideau d'arbres :

— Qui va là ? demandait la grosse voix.

Et comme les enfants, terrifiées,
ne répondaient pas, la grosse
voix reprit :

— Qui que vous soyez, faites-vous voir ! Ou, sinon, gare à
vous.

Il n'y avait plus à hésiter.

D'ailleurs la fuite n'était pas possible.

L'homme à la grosse voix, voleur ou brigand, aurait eu bientôt rattrapé les fugitives.

Et de quel côté eussent-elles dirigé leur course, puisque déjà elles s'étaient perdues?

Elles obéirent à la grosse voix et, au bout d'un instant, elles se trouvèrent au bord d'une clairière, au milieu de laquelle était un homme tout noir.

A cette apparition, Jeanne ferma les yeux et s'arrêta, pensant que sa dernière heure était venue.

Quant à Suzon elle marcha droit vers l'homme tout noir.

On va savoir le motif de cette résolution... courageuse.

XXXIII

I ne faut point croire que Suzon fût beaucoup plus hardie que Jeannette, ni qu'un excès de témérité l'emportât au moment même où sa compagne fermait de terreur ses jolis yeux bleus.

La cause de la marche de la petite boulangère vers l'homme tout noir de la forêt était plus simple et moins romanesque qu'on ne pourrait le supposer.

Suzon avait tout bonnement reconnu, dans l'homme noir, son cousin Jérôme, le charbonnier!

Cependant la grosse voix, qui avait déjà si vivement effrayé Jeanne, grommelait :

— Qui ose donc venir jusqu'ici? Ne savez-vous pas que

16

charbonnier est maître dans sa maison? Si vous ne connaissez pas
le proverbe, je vais vous l'apprendre!...

Mais la grosse voix se tut, et, après un bon rire sonore et
étonné, Jeanne entendit ces mots :

— Suzon! c'est toi, Suzon?...

— Oui, cousin, c'est moi.

— Et cette demoiselle, qui est-elle?

— C'est mademoiselle de Chanzy, mais, chut! il ne faut
pas qu'on le sache!

En écoutant ces demandes et ces réponses, Jeanne se rassura.

Elle se décida à ouvrir les yeux, et elle vit Suzon qui embrassait si cordialement le charbonnier qu'elle s'en noircit tout
un côté de la figure.

La mine qu'elle avait, ainsi barbouillée, était si drôle, que
Jeanne et Jérôme ne purent s'empêcher d'éclater de rire, et ce
rire les fit tout de suite bons amis.

La curiosité remplaça la crainte dans l'esprit de Jeannette, et à
la vue d'une grosse meule de bois qui flambait et fumait, elle dit :

— Qu'est-ce que c'est que cela?

— C'est du charbon que je suis en train de faire, répondit
Jérôme.

— Comment! du charbon! Mais n'est-ce pas du bois qui
brûle là?

— Oui, mamzelle, mais ne savez-vous pas que le charbon
n'est autre chose que du bois qui n'a pas été complètement
brûlé? Encore faut-il savoir s'y prendre.

— Comment s'y prend-on?

— Nous, dans la forêt, nous faisons le charbon en meules,
comme vous voyez. D'abord, on
choisit un terrain à l'abri du vent ;
on l'égalise, et au milieu on plante
une perche. Sur le sol, on établit
un plancher composé de morceaux
de bois tous dirigés vers la perche.
Cela ressemble à une grande roue
de voiture posée à plat. On remplit
les vides qui pourraient exister
avec du menu bois ; puis, on dresse
verticalement, autour de la perche,
les bûches sur plusieurs étages en
ayant soin de ménager au niveau
du sol une petite galerie qui
aboutit au centre. A la partie
supérieure, on forme une calotte
avec des bûches couchées et ser-
rées le plus possible. Alors on a
devant soi une grosse meule de
bois. On la couvre de feuillages
et d'une couche de terre que l'on
arrose. On laisse, à la base, de
petits soupiraux pour donner passage aux vapeurs et à l'air. La
perche est ensuite retirée et le feu est mis à la meule par la
petite galerie qui se trouve au niveau du sol et que l'on a

remplie de matières combustibles. Lorsque la flamme s'élève au-dessus de la meule, on bouche avec une plaque de gazon la cheminée centrale, c'est-à-dire l'endroit où se trouvait la perche, et, tenez! c'est précisément ce qu'il faut que je fasse maintenant.

Et, ce disant, Jérôme joignit la pratique à la théorie. Puis, il ajouta :

— Quand ce bois aura suffisamment fumé et rendu l'eau qu'il contient, quand il aura, comme nous disons, bien sué, je verrai la flamme s'échapper par les soupiraux de la base. Ce sera signe que la carbonisation est complète...

— Que le bois est devenu charbon? demanda Jeanne en tra-duisant.

— Oui, mamzelle, vous avez compris. Alors je boucherai toutes les ouvertures, je recouvrirai la meule avec de la terre et je la laisserai deux jours dans cet état. Puis, je l'ouvrirai et j'aurai le charbon qui servira à faire votre cuisine.

— Je vous remercie, monsieur Jérôme, dit Jeannette, de m avoir appris cela.

— A votre tour, maintenant, répondit le charbonnier, de m apprendre par quel hasard vous vous trouvez ici?

Cette question, à laquelle Jeanne devait pourtant s'attendre, l'embarrassa si fort qu'elle ne sut y répondre.

Suzon vint à son secours :

— Nous nous sommes égarées dans la forêt, dit-elle.

— Mais qu'est-ce que deux petites filles de votre âge allaient faire dans la forêt?

— Nous cherchions à gagner le village par le chemin le plus court.

— Tiens! tiens! fit avec étonnement le charbonnier, vous vous rendiez, toutes les deux et toutes seules, au village? Je n'ai aucun droit sur mamzelle Jeanne, mais j'en ai sur toi, Suzon, dit sévèrement Jérôme, et je veux savoir, d'abord, pourquoi tu n'es pas avec ta mère, ensuite, pourquoi tu vas au village avec mademoiselle de Chanzy.

Jeanne sentit bien qu'elle avait mis sa petite compagne dans une fausse situation et qu'elle allait sans doute la faire punir.

Alors, elle s'empressa de répondre :

— Suzon n'est pas fautive; c'est moi qui l'ai priée de me conduire au village, où je voulais mettre une lettre à la poste. Et, du reste, en voici la preuve.

En même temps, elle tirait de sa poche la lettre adressée à l'oncle de Georges.

— Vous vous étonnez, n'est-ce pas, de ce que je n'ai pas fait porter cette lettre par un des domestiques du château? Eh bien. je vais vous apprendre la vérité : cette lettre renferme un grand secret qu'il ne faut pas que l'on connaisse encore. Voilà pourquoi je voulais la mettre moi-même à la poste.

Jérôme ouvrait de grands yeux. Il ne savait pas trop ce qu'il devait croire ni ce qu'il devait faire. Enfin, après avoir réfléchi, il dit :

— Puisque c'est comme ça, il faut que vous rentriez chez vous au plus vite afin que vos parents ne soient pas inquiets de votre absence. Je vais vous reconduire tout près du château et je remmènerai Suzon chez sa mère.

— Et ma lettre? dit Jeanne avec inquiétude.

— Donnez-la-moi, et je la mettrai où il faut.

Jeanne regarda Suzon; elle vit dans ses yeux qu'il n'y avait pas d'autre parti à prendre et qu'il fallait se fier à Jérôme.

Elle lui remit donc la fameuse lettre en lui faisant mille recommandations, et elle se laissa reconduire au château où elle put rentrer sans être vue.

XXXIV

CHACUN EST MAITRE EN SA MAISON.

Sitôt rentrée, Jeanne se dirigea vers son jardin.

Sa petite tête était pleine de réflexions sur ce qui venait de se passer. La fuite, la forêt, le charbonnier, la lettre, l'oncle, voilà ce qui la préoccupait à un tel point que, sans le savoir, elle se parlait tout haut à elle-même.

— Oui, disait-elle, si l'oncle de Georges refuse, ce sera un méchant, et, s'il vient jamais au château, je ne veux pas le voir et il n'entrera pas ici, chez moi. Je puis bien être maîtresse dans mon jardin quand un charbonnier est maître dans sa maison !

Au moment où elle prononçait ces paroles, elle franchissait un pont en miniature sous lequel coulait joyeusement un filet d'eau claire.

Elle n'avait pas aperçu le vieux jardinier, qui était en train de relever les tiges flexueuses et longuement traînantes d'une campanule fragile, aux fleurs d'un très beau lilas tendrement violacé, qui reliaient des arbres entre eux dans une guirlande gracieuse.

Mais le vieux jardinier avait entendu la dernière phrase de Jeannette, et, souriant, il répéta :

— Mais, oui, mademoiselle, charbonnier est maître dans sa maison. Y a-t-il longtemps que vous savez ce proverbe?

Jeanne s'arrêta court, toute surprise et confuse.

— Non, murmura-t-elle.

— Et en connaissez-vous l'origine?

— Non plus.

— Eh bien, je vais vous conter cette histoire. Elle est d'autant plus curieuse, pour nous, qu'elle s'est passée, dit-on, dans la forêt voisine.

— La forêt voisine!

Ces mots seuls étaient suffisants à tenir en éveil l'attention de Jeanne.

Alors, Clément raconta ce qu'il suit :

Le roi François Iᵉʳ, s'étant égaré à la chasse, entra, à la nuit tombante, dans la cabane d'un charbonnier, dont il trouva la femme seule et accroupie auprès du feu.

C'était en hiver et le temps était pluvieux.

Le roi demanda à souper et à passer la nuit.

Mais il fallut attendre le retour du mari, ce que François Ier fit en se chauffant, assis sur l'unique chaise qu'il y eût en la cabane.

Le charbonnier arriva enfin, las de son travail, tout mouillé et fort affamé.

Le compliment d'entrée ne fut pas long.

A peine eut-il salué son hôte et secoué son chapeau couvert de pluie, qu'il se fit rendre le siège que le roi occupait et prit la place la plus commode en disant :

— J'agis ainsi sans façon parce que je suis chez moi :

> Or, par droit et par raison,
> Chacun est maître en sa maison.

Le roi François Iᵉʳ applaudit au proverbe rimé et s'assit sur une sellette de bois.

On causa des affaires du royaume.

Le charbonnier se plaignait des impôts et voulait qu'on les supprimât.

Le roi eut bien de la peine à lui faire entendre raison.

— Eh bien! soit, répondit notre homme; mais les défenses rigoureuses contre la chasse, les approuvez-vous aussi? Je vous crois fort honnête homme, et je pense que vous ne me dénoncerez pas. J'ai là un quartier de chevreuil, tué dans les forêts de Sa Majesté, et qui en vaut bien un autre. Mangeons-le, et que le roi François Iᵉʳ n'en sache rien!

Le roi sourit, promit tout, soupa de grand appétit et coucha sur une botte de paille, où il dormit parfaitement.

Le lendemain matin sa suite le rejoignit.

Le charbonnier, reconnaissant alors à qui il avait eu affaire, se crut perdu.

Mais le roi lui paya généreusement l'hospitalité qu'il en avait reçue et lui accorda à perpétuité le droit de chasser dans ses forêts.

— C'est à cette aventure, mademoiselle, dit Clément Castor en se remettant au travail, qu'on attribue le proverbe que vous citiez tout à l'heure : « Charbonnier est maître dans sa maison. »

XXXV

Pendant que le vieux jardinier causait ainsi avec Jeannette, M. de Chanzy parlait à un homme qui se tenait respectueusement, tête nue, devant lui dans la petite cour auprès de l'office.

Cet homme était le charbonnier Jérôme.

Après avoir ramené Suzon au village, Jérôme s'était dirigé vers la poste.

Au moment où il allait jeter dans la boîte la lettre de Mlle de Chanzy, un remords avait fait irruption en son esprit.

Était-ce bien correct ce qu'il allait faire?

M. et Mme de Chanzy, apprenant un jour la commission mys
térieuse dont il s'était chargé, ne pourraient-ils pas lui en savoir
mauvais gré?

Et puis, une petite fille qui se cache de la sorte pour un
pareil motif n'est-elle point répréhensible ?

Oui, son devoir et son intérêt lui conseillaient, avant toute
chose, d'avertir M. de Chanzy.

Une fois cette idée bien fixée dans sa cervelle, Jérôme se
rendit au château.

Il expliqua aux domestiques qu'une affaire importante l'o-
bligeait à parler à M. de Chanzy. Il ne pouvait être reçu au salon,
dans son costume, et, d'ailleurs, il ne voulait pas que mademoiselle Jeanne l'aperçût. Il suivit donc le conseil des domestiques qui le placèrent à l'entrée de la petite cour. M. de Chanzy
allait bientôt visiter les écuries et Jérôme pourrait lui parler
au passage.

En effet, le charbonnier vit bientôt le châtelain se diriger
de son côté. Il eut quelques secondes d'hésitation, se demandant
encore s'il faisait bien ou mal. Mais sa conscience lui souffla
qu'il avait raison et, aussitôt, il alla vers M. de Chanzy, devant
lequel il se tint, attendant d'être interrogé.

— Que voulez-vous, mon ami? demanda M. de Chanzy avec
quelque étonnement.

— Monsieur, dit le charbonnier en tournant avec embarras
son chapeau entre ses doigts, monsieur... il s'agit d'une chose
délicate qui vous intéresse...

— Quelle chose délicate? dit M. de Chanzy en regardant fixement Jérôme.

— Une commission dont m'a chargé quelqu'un de chez vous...

— D'ici ?

— Oui, monsieur, et voici pourquoi je suis venu : c'est que je ne crois pas devoir faire cette commission sans vous avoir consulté.

— Expliquez-vous, mon ami, expliquez-vous ! dit avec impatience M. de Chanzy. Quelle est la commission et quelle est la personne ?

— La commission, c'est une lettre. La personne, c'est mamzelle Jeanne.

— Alors Jérôme tendit la lettre à M. de Chanzy et lui raconta ce que nous connaissons.

M. de Chanzy, d'abord ému, ne s'attendant pas à cette nouvelle bizarre, se remit bien vite en écoutant Jérôme et en reconnaissant l'écriture et l'adresse de l'enveloppe.

Il devina une partie de ce que Jeannette écrivait à l'oncle de Georges. Certes, il ne pouvait pas se douter de l'innocent sacrifice de sa petite fille, mais il pensait qu'elle avait cédé à une inspiration de son cœur et il était sûr que cette inspiration ne pouvait être que bonne et généreuse.

Aussi, lorsque Jérôme lui eut demandé ses instructions, répondit-il :

— Faites ce dont ma fille vous a prié. Mettez cette lettre à la poste, et je vous assure que personne n'en saura rien au château, pas même moi, ajouta-t-il avec un sourire. C'est un secret que Mlle Jeanne vous a confié, nous serons trois à le garder, voilà tout. Quant à la démarche que vous venez de faire auprès de moi, elle prouve votre intelligence et votre honnêteté. Je vous félicite et je vous remercie.

Et après avoir rémunéré avec largesse le charbonnier des courses et du dérangement dont Mlle Jeanne était la cause, il le congédia.

Quelques heures après cette entrevue, la lettre de Jeannette était en route pour Paris.

XXXVI

LA FOURMILIÈRE.

A dater de ce jour, Jeannette très gaie, très alerte, très expan-
sive, ne tenait pas en place. La fièvre de l'attente l'occupait. Elle
se croyait sûre de la réussite. Sa gaieté, sa joie communicatives
avaient jeté comme un rayon de soleil dans l'ombre où se désolait
Yvonne. M. de Chanzy, tout en gardant son secret, ne pouvait
s'empêcher d'espérer. Sa femme, en le voyant moins triste, pensait à la venue d'une bonne nouvelle. Et c'était Jeanne qui avait
accompli tous ces miracles.

Les travaux de la petite serre, que M. de Chanzy avait promise
à sa fille, s'élevaient rapidement au fond du jardin. Une après-
midi on alla les visiter.

17

La première personne que Jeanne aperçut en arrivant fut le petit François en train de farfouiller avec acharnement dans une éminence que les travaux avaient mise à découvert.

— Que fait-il là ? s'écria-t-elle.

En deux bonds, elle fut auprès de lui.

François s'amusait à bouleverser une fourmilière dont les habitants, en proie à la plus vive terreur, fuyaient dans tous les sens.

— Les pauvres petites bêtes ! dit Jeanne, en voulant empêcher François de continuer son œuvre de carnage.

Mais le vieux jardinier était survenu à ce moment et, comme François n'obéissait pas du tout à Jeannette, il reçut une ou deux taloches qui le mirent à la raison.

— Regarde, papa, dit-elle, François leur a fait si peur qu'elles déménagent en emportant leurs œufs.

— Du moins ce qu'on appelle ainsi vulgairement.

— Qu'est-ce donc ?

— Veux-tu savoir l'histoire des fourmis ?

— Oh ! oui, papa, si elle est aussi curieuse que celle des abeilles.

— Elle est moins connue et elle possède un intérêt égal.

— Alors, papa, nous t'écoutons.

Jeanne, en s'exprimant ainsi, parlait au nom de sa mère et de sa sœur, à qui Clément Castor venait d'apporter des chaises.

M. de Chanzy raconta alors ce qui suit :

— L'œuf véritable de la fourmi est en rapport avec son corps; il est donc fort petit. De cet œuf sort un petit ver blanc, une larve semblable à celles des abeilles, qui s'enveloppe bientôt dans un cocon soyeux. C'est à ces petits globes qui contiennent l'enfant de la fourmi qu'on a donné vulgairement le nom d'œufs.

L'insecte parfait sort de ce cocon au bout de quelques jours. Les fourmis l'aident à se retirer de sa prison, elles déploient ses pattes, lissent ses ailes et lui prodiguent leurs soins avec une délicatesse maternelle.

— Comme les abeilles, dit Jeanne.

— Toujours comme les abeilles, les fourmis habitent en communautés. Un nid se compose de trois sortes d'individus. Les ouvrières, les ouvriers, qu'on peut comparer aux faux-bourdons, et les reines.

— Les reines ? il y en a donc plusieurs ?

— Oui, tandis qu'on ne compte qu'une reine par ruche d'abeilles, on en trouve plusieurs dans un nid de fourmis.

Les fourmis-reines ont des ailes, mais, lorsqu'elles vont pondre leurs œufs, elles se les arrachent elles-mêmes et, dès lors, ne quittent plus le nid.

Outre ces trois individus, on remarque, chez certaines espèces, des fourmis pourvues de têtes énormes et armées de grandes mâchoires que l'on considère comme des soldats chargés de la défense de la colonie. Il existe encore d'autres individus, dont l'abdomen est renflé en une sphère diaphane, qui demeurent inactifs et ne font qu'élaborer une sorte de miel.

Les fourmis se nourrissent d'insectes et de la liqueur sucrée des fleurs et des fruits.

Enfin, chose étonnante ! elles s'emparent des petits pucerons verts qui habitent sur les feuilles et les tiges des plantes; elles les emportent dans leurs nids, et, là, elles leur donnent à manger, les gardent avec le plus grand soin et les défendent de l'attaque des autres insectes.

— Que font-elles de ces pucerons? demanda Jeanne.

— Elles les caressent doucement de leurs antennes et alors les pucerons émettent une goutte de liqueur sucrée qu'elles boivent aussitôt. Ces pucerons sont absolument les vaches à lait des fourmis.

Oh ! s'écria Jeanne, les fourmis qui ont des vacheries et des laiteries ! Voilà des petites bêtes intelligentes !

— D'autant plus intelligentes qu'il y a encore sur notre terre des sauvages à qui semblable prévoyance est inconnue. Je dois ajouter que d'autres espèces, quoique se nourrissant aussi du lait des pucerons, ne savent pas faire de ces derniers des animaux domestiques. Enfin, certaines fourmis ne mangent que des graines qu'elles emmagasinent avant l'hiver.

Les fourmis sont généralement d'un caractère guerrier. Les unes sont munies d'aiguillons qui contiennent un poison violent; les autres se servent de leurs solides mâchoires. Ces dernières, lorsqu'elles combattent avec des ennemis plus gros qu'elles, ont l'habitude de leur sauter sur le dos et, une fois dans cette position, de leur couper tranquillement la tête.

On connaît encore la fourmi-amazone. Celle-ci a des esclaves pour la servir.

— Des esclaves? Comment peut-elle en avoir ? dit Jeanne?

— Les fourmis-amazones attaquent les nids voisins, s'emparent des larves et les emportent chez elles. Les petites fourmis qui éclosent de ces larves sont dressées par les fourmis-amazones à aller à la recherche de la nourriture, à prendre soin du nid et au besoin à combattre.

— Qui se douterait de ces choses en voyant un insecte aussi petit? dit Mlle Yvonne. Et combien, ajouta-t-elle, un nid renferme-t-il de fourmis ?

— Au moins plusieurs milliers et souvent des centaines de mille. Un nid contient toujours des individus de la même espèce, sauf l'exception suivante. Certaine fourmi habite avec une fourmi beaucoup plus petite qu'elle. On ne connaît pas leurs relations, mais la petite a l'air d'être le chien ou le chat de la grosse.

— Oh ! comme ce doit être gentil ! s'écrie naïvement Jeannette, et comme les plantes doivent nourrir avec plaisir toutes ces petites bêtes-là !

— S'il est question de botanique, dit en souriant M. de Chanzy, je donne la parole à Clément Castor. Notre vieux jardinier doit bien avoir quelque renseignement à nous donner sur ce sujet.

XXXVII

LES FOURMIS ET LES PLANTES.

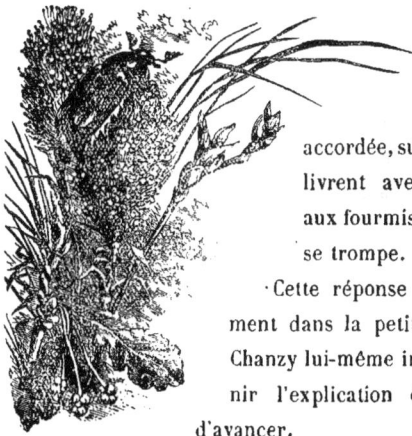

— Mlle Jeanne, dit Clément, en profitant de l'occasion qui venait de lui être accordée, suppose que les plantes livrent avec plaisir leurs sucs aux fourmis. Eh bien, Mlle Jeanne se trompe.

·Cette réponse jeta un vif étonnement dans la petite société, et M. de Chanzy lui-même invita Clément à fournir l'explication du fait qu'il venait d'avancer.

Le vieux jardinier continua :

— Les plantes font, au contraire, tout ce qu'elles peuvent

pour empêcher les fourmis d'arriver jusqu'à leurs fleurs. Les unes se hérissent d'épines, les autres sécrètent une substance glutineuse, qui devient un obstacle insurmontable; parfois elles ferment le fond de leurs corolles au moyen de poils tellement entrelacés que la trompe de l'abeille peut seule y pénétrer, et souvent elles rendent leurs pétales si unis et si glissants que la fourmi ne trouve point de prise pour y grimper.

— Mais pourquoi ? s'écria Jeannette en traduisant la pensée de tout le monde.

— Parce que la fourmi, de même que les autres insectes grimpeurs, n'est pas utile à la fleur. Alors que l'abeille et les autres insectes ailés, dans un vol délicat et rapide, servent à transporter le pollen et payent ainsi les frais de leur charmante table d'hôte, la fourmi se contente de manger sans rien payer. Comprenez-vous, mademoiselle Jeanne? La fourmi ne rend aucun service à la plante, pourquoi donc celle-ci se priverait-elle en sa faveur de son succulent nectar?

— C'est vrai ! dit Jeanne avec un grand sérieux. Il est préférable que les fleurs réservent leur miel aux abeilles, d'autant plus...

Et elle s'arrêta.

— D'autant plus? fit M. de Chanzy qui voulait que sa fille complétât sa pensée.

— D'autant plus, dit-elle enfin, que, nous aussi, nous en profitons.

— C'est parfait, dit en riant M. de Chanzy, et tout est pour le mieux dans le meilleur des mondes.

— Et quel admirable étonnement doit-on éprouver, ajouta
Mme de Chanzy, pour ces petites bêtes qui, dans un corps à peine

visible, renferment autant d'intelligence que les plus gros
animaux de la terre !

— Les plus gros animaux, dit Jeannette, ce sont les éléphants,
n'est-ce pas ?

— En effet, mais ta mère commet peut-être une exagération en disant que la fourmi est aussi intelligente que l'éléphant. Les Indiens qui vivent continuellement au milieu de ces animaux prétendent qu'ils ont une intelligence égale à celle de l'homme.

— Il ne leur manque donc que la parole ?

— Si l'éléphant ne parle pas, il comprend ce que lui dit son maître, et ses petits yeux pétillants de malice l'indiquent avec évidence. Il raisonne, il compare, il associe ses idées et possède une mémoire prodigieuse. Il a des haines et des affections parfaitement raisonnées. Les enfants de son maître sont ses favoris. On les lui confie sans crainte. Il les mène à la promenade, les surveille et joue avec eux comme une colossale bonne d'enfant ! Autant il est impitoyable avec les bêtes fauves qui peuplent les Indes, autant il est doux et bon avec les animaux inoffensifs. On assure même qu'il serait impossible de parvenir à le faire marcher sur une bête à bon Dieu. Tu vois, Jeannette, que décidément l'éléphant vaut mieux que la fourmi.

— Papa, tu m'en achèteras un ! dit Jeanne.

— Un éléphant !... Ah ! cette fois, répondit en riant M. de Chanzy, je ne te promets rien.

On allait s'éloigner de la fourmilière lorsque Jeanne, jetant un dernier regard sur les petites travailleuses, s'écria :

— Regardez donc ! Qu'est-ce qu'elles emportent avec elles ?...

— C'est le cadavre d'un hanneton, répondit M. de Chanzy après examen ; elles l'entraînent dans leurs magasins aux provisions.

— Un hanneton ! maudite bête ! dit grommelant le vieux jardinier.

— Oh ! pourquoi insultes-tu le hanneton ? demanda Jeannette.

— Le hanneton, mademoiselle, est l'insecte le plus nuisible à votre jardin; pendant les trois ans qu'il vit sous terre il fait des ravages considérables en détruisant les racines de toutes les plantes.

— Que dis-tu ? le hanneton vivrait sous la terre pendant trois années ?

— Oui, à l'état de ver blanc.

— Comment ? je ne comprends pas...

— Vous avez vu voler les hannetons au printemps, n'est-ce pas ?

— Oui.

— Eh bien, avant de mourir, ces vilaines bêtes creusent des trous en terre où ils pondent des œufs. De ces œufs éclosent des vers blancs qui commencent par manger les racines placées auprès d'eux. Bientôt ils grossissent et vont chercher leur nourriture plus loin. Pendant trois années, ils restent ainsi sous terre, pillant, ravageant, dévastant tout ce qu'ils trouvent. Dans l'hiver de la troisième année, ils s'enveloppent dans une espèce de coque, restent immobiles, et la transformation s'opère. Alors, au printemps, vous pouvez voir sortir de terre le hanneton qui a laissé au fond d'un trou sa peau de ver blanc et sa coque.

— Ah ! dit Jeanne en faisant la grimace, je n'attraperai plus de hannetons.

— Et tu auras tort, répliqua M. de Chanzy, tu attrapes bien des papillons.

— Mais ce n'est pas la même chose !

— Si ; tu vois cette chenille qui remue entre ces géraniums, eh bien, elle fera de même que le ver blanc du hanneton ; elle se transformera en papillon.

— En papillon ! s'écria Jeanne, en un joli papillon aux ailes de toutes les couleurs?

— Les Grecs, qui étaient des gens poétiques, appelaient le papillon « âme volante », et un Français qui était poète l'a chanté en ces vers :

> Le papillon, chose frivole,
> Près de la fleur coquette est assez bien placé ;
> Le papillon est une fleur qui vole ;
> La fleur, un papillon fixé.

Mais cela n'empêche point cette âme ou cette fleur volante d'avoir été la plus humble des chenilles. Je dois ajouter que le papillon n'en est pas moins respectable ni moins poétique pour cela !

— Mais ces vers et ces chenilles savent-ils ce qu'ils font en se transformant? demanda naïvement Jeannette.

— Il faudrait le leur demander à eux-mêmes ! répondit en souriant Mme de Chanzy.

— Eh ! eh ! murmura le vieux jardinier, ces larves ne sont pas si sottes qu'elles le paraissent.

— Expliquez votre idée, Clément, dit M. de Chanzy.

Alors le vieux jardinier montra un insecte aux ailes

couleur métallique très brillante, avec des taches de teinte claire, qui était posé sur un rosier voisin.

— Voici, dit-il avec un air de satisfaction, une cicindèle qui est en train de manger les pucerons de ce rosier, ce dont il faut le remercier. Eh bien, savez-vous ce qu'elle fait, à l'état de larve, pour se procurer sa nourriture ?

— Non, dit Jeanne, curieuse.

— La larve de la cicindèle se creuse un trou vertical dans le sable et place sa large tête près de l'ouverture pour la masquer. Un insecte vient-il à passer sur cette espèce de pont, la larve retire brusquement sa tête et fait ainsi tomber dans le piège sa victime, qu'elle se hâte de dévorer.

— Oh ! s'écria Jeanne, tu vois bien, petite mère, que ces bêtes savent ce qu'elles font et qu'il n'y a plus besoin maintenant de les interroger !

XXXVIII

LA SERRE.

Sous un dôme de verre, soutenu par une fine et gracieuse charpente qui se cache sous des feuillages de formes bizarres, dans un petit palais vitré où le soleil pénètre de toutes parts, apportant sa chaleur et sa lumière, de superbes plantes des tropiques resplendissent d'une végétation luxuriante qui ferait croire qu'elles ont retrouvé leur patrie perdue.

Deux sentiers sablés courent parallèlement autour l'un de

l'autre, bordés de mousses en miniature, de lycopodiums décou-
pés et festonnés avec un art exquis ; du dôme tombent des orchi-
dées qui s'échappent de leurs élégantes suspensions et que vont
rejoindre des vanilles aromatiques grimpant lestement le long du
vitrage ; sur des tablettes, chauffées par les tuyaux d'eau chaude
qui sillonnent la serre, des uriesias aux feuilles ornées de bandes
violettes, des cryptanthus, qui munissent leur feuillage de dents
de scie aussi dures que l'acier, des héliconias aux rouges fleurs
allongées, des hérincquias, à la fleur tubulaire rouge d'où sort un
style démesuré, des calathcas, des euphorbes et des cereus aux
aspects difformes, et garnis de terribles piquants ; entre les sentiers, des arbustes qui deviendront des arbres, le ciathca au tronc
couvert de poils, le lastrea gigantesque, l'hemitelia, l'angiopteris,
qui assure sa solidité en envoyant de sa tige des racines sup-
plémentaires vers le sol, le thrinax, le latania, le tomelia, le
sabal aux feuilles en immenses éventails, le dracæna terminé par
un bouquet de feuilles épaisses, des begonias, des fougères, des
ananas et des palmiers ; au milieu, une pièce d'eau couverte d'un
tapis de larges feuilles de nymphæ, étalées à plat et ne s'écartant que pour livrer passage à de grosses et longues fleurs
blanches ; puis des pandanus, des ravenelas, des caladiums, et, au
centre, un philodendron dont les feuilles dentelées et crispées se
balancent aux extrémités de forts pétioles verdâtres : telle était la
serre de Mlle Jeanne.

Le vieux jardinier avait mis à profit l'autorisation de M. de
Chanzy, et, en peu de temps, il avait pu offrir à sa chère petite
élève ce palais de plantes et de fleurs.

Jeanne était là, tout en admiration devant ces merveilles. Jean avait été invité à l'inauguration de la serre, et, très surpris, il contemplait ces végétations inconnues. Quant au petit François, il devait rôder dans quelque coin.

Clément disait à Jeanne, qui l'interrogeait :

— Oui, les noms de ces plantes sont difficiles à prononcer et à retenir. Que voulez-vous y faire? Elles n'en ont pas d'autres. Pour aider votre mémoire, j'ai attaché à chacune d'elles une étiquette; en lisant chaque jour ces noms latins, vous finirez par vous les rappeler. Tenez, mademoiselle, regardez cette admirable fleur qui vient d'éclore au milieu de l'eau; regardez-la bien, car demain soir elle sera fanée. C'est le nelumbium d'Afrique. Ses larges feuilles sont parfaitement rondes. Une superbe corolle rosée entoure un réceptacle d'un jaune éclatant. Ce réceptacle, qui enferme les ovaires, est percé de trous d'où sortent les pistils. Les pétales vont tomber, les pistils s'atrophieront, et, sur la tige, il ne restera qu'un fruit, semblable à un pavot coupé par moitié ou à la pomme d'un arrosoir, qui se tournera sans cesse du côté du soleil.

Puis Clément, amenant Jeanne dans une autre partie de la serre, lui montra l'ophrys-mouche, dont la fleur ressemble si bien à une mouche que l'insecte se trompe et s'éloigne de la fleur, qu'il croit déjà occupée par un confrère.

Ensuite, on passa en revue les cactus, aux formes monstrueuses, et munis d'aiguillons. Alors Jeanne s'étonna de nouveau.

— Que ces plantes sont laides! dit-elle.

18

— Elles sont laides ici, je vous l'accorde, répondit Clément, mais dans leur pays natal, en Amérique et dans les Indes, elles peuvent devenir aussi hautes que nos peupliers et prennent un aspect majestueux en se couvrant de fleurs aux reflets brillants. C'est sur ce cactus-opuntia, continua le vieux jardinier en montrant à Jeanne une plante singulière formée de tranches plates et ovales poussées les unes sur les autres, que se récolte la cochenille.

— La cochenille ! qu'est-ce que c'est que cela ?

— C'est un petit insecte, sans ailes, au corps épais et mou et d'un rouge foncé. Il s'attache à la plante en enfonçant sa petite trompe dans l'écorce. Quand les cochenilles sont très nombreuses sur la tige d'un opuntia, on les détache en passant sur cette tige la lame émoussée d'un couteau et en les faisant ainsi tomber dans un panier. On les fait périr en les plongeant dans l'eau bouillante, après quoi on les fait sécher au soleil. Ils fournissent alors une très belle teinture écarlate qu'on fixe au moyen de procédés chimiques. C'est probablement ainsi qu'on a teint le ruban qui retient vos cheveux.

— Avec des petites bêtes !... ah ! bien ! je ne m'en doutais pas ! s'écria Jeanne.

— Je le crois volontiers, répondit avec un sourire le vieux jardinier.

— Dites donc, monsieur Clément, demanda à son tour le petit Jean, quelle est cette plante-là ?

— C'est une plante grasse très répandue dans les serres et même dans les appartements ; c'est un caoutchouc.

— Ah ! fit Jean, qui sembla tout à coup s'intéresser vivement à ce végétal.

En effet, pendant que Jeanne suivait le vieux jardinier, Jean resta devant le caoutchouc.

Il examina cette plante avec une attention extraordinaire, regardant sa tige et ses feuilles dans un mouvement de curiosité inexplicable.

Quelle attraction pouvait-elle donc présenter à M. Jean?

Il jeta un regard du côté de Jeannette et de Clément et, certain de ne pas être vu, il s'approcha du caoutchouc.

Alors, il osa y toucher.

Il prit, par son extrémité, une de ses longues feuilles qu'il tira d'abord doucement.

Elle résista.

Alors, il la saisit dans ses deux menottes et se mit à la tirer, en sens opposé, de toutes ses petites forces.

Il fit si bien que la pauvre feuille se déchira tout à coup avec un bruit sec.

Clément se retourna en même temps que Jeannette.

— Monsieur Jean, dit-il, qu'avez-vous fait là?

— Dame ! répondit Jean, la mine toute penaude, vous m'aviez dit que c'était un caoutchouc... je croyais que c'était élastique !...

Cette réponse fit rire de bon cœur Clément et Jeannette, et le vieux jardinier dit alors :

— C'est, en effet, de cette plante qu'on retire le caoutchouc, mais elle n'est pas, elle-même, en caoutchouc, comme vous le

croyez, mon cher monsieur Jean ! Le caoutchouc s'y trouve, sous
forme de globules, dans un suc laiteux que l'on fait découler de la
tige au moyen d'incisions pratiquées sur le tronc depuis la base
jusqu'aux premières feuilles. Cette opération se fait dans les Indes
orientales, qui sont la patrie du caoutchouc. La liqueur recueillie
est soumise à un feu modéré, le suc laiteux s'évapore, et ce qui
reste est du caoutchouc. J'ajouterai que le nom savant de cette
plante est *ficus. elastica*, ce qui veut dire figuier élastique.

A ce moment, on entendit un cri, quelque chose qui fit
flac ! et un bruit de barbotement dans l'eau.

XXXIX

LE NYMPHÆA ET LA VALLISNÉRIE.

H! mon Dieu! s'écria Jeanne, François est tombé dans le bassin!...

En effet, ce petit turbulent de François, séduit par les beautés d'une fleur de nelumbium, avait voulu s'en rendre propriétaire. Son pied avait glissé sur les bords du bassin, et notre petit homme était en train de prendre un bain complet.

Son grand-père accourut. Il n'eut qu'à étendre le bras pour rattraper l'imprudent, qu'il suspendit quelques secondes au-dessus

de l'eau, en le tenant par le fond de la culotte, autant pour le
punir que pour le faire égoutter.

François ne s'était fait, d'ailleurs, aucun mal. Il n'eut besoin
que de changer de vêtements.

Le vieux jardinier, tout grondant, s'aperçut que deux fleurs
de nymphæa avaient été brisées.

— Heureusement, murmura-t-il, que le nelumbium est
intact et qu'il reste d'autres fleurs de nymphæa. Et, tenez, mademoiselle, voici encore une fleur qui démontre parfaitement que
les plantes peuvent et savent se mouvoir. Le nymphæa, qu'on
appelle communément nénuphar ou lis des étangs, donne les
grandes fleurs blanches que vous voyez en ce moment au-dessus
de l'eau. Eh bien, revenez ce soir, et ces fleurs auront disparu
pour reparaître demain matin aux mêmes places.

— Comment ? dit Jeanne, où seront-elles allées ?

— Le nymphæa craint pour ses fleurs délicates la fraîcheur de
la nuit. Que fait-il pour les en préserver ? Le soir venu, il ferme
leurs corolles et les ramène sous l'eau. Il les y maintient toute la
nuit et ne les laisse remonter que le matin à la surface où elles
s'ouvrent de nouveau aux caresses du soleil.

— Quelle plante extraordinaire ! s'écria Jeannette.

— Plus curieuse encore est la vallisnérie, qui végète dans
les rivières du midi de la France. C'est une plante dioïque, c'est-
à-dire que ses fleurs à étamines et ses fleurs à ovaires sont
portées sur des pieds différents. Les unes et les autres restent
cachées sous l'eau jusqu'au mois de juin ou de juillet. A cette
époque, la vallisnérie allonge ses fleurs à ovaire jusqu'à la sur-

face de l'eau, mais elle ne peut en faire autant pour les fleurs à
étamines. Alors que font ces dernières ? Elles se détachent, elles
se cueillent elles-mêmes, et viennent à leur tour à la surface de
l'eau flotter auprès des fleurs à ovaires auxquelles elles trans-
mettent leur pollen. Cela fait, elles vont se perdre au gré du
courant pendant que les fleurs à ovaires se replient sur leurs
tiges et redescendent sous l'eau mûrir leurs graines.

— Évidemment, elles savent ce qu'elles font ! dit Jeannette.

— Acte volontaire ou manifestation d'une force inconsciente,
le fait n'en est pas moins réel, ajouta Clément Castor.

A ce moment, M. et Mᵐᵉ de Chanzy et Yvonne entraient
dans la serre.

— Oh ! petit père, s'écria Jeanne en allant se jeter dans les
bras de M. de Chanzy que je suis contente et que je te remercie
de m'avoir donné tout cela !

En même temps elle montrait de la main les merveilleuses
plantes de sa serre.

— Je ne regrette pas, répondit M. de Chanzy, d'avoir satisfait à ton désir puisque cela t'a permis d'apprendre la botanique. Je suppose, en effet, que tu as su profiter des leçons de
Clément et j'espère qu'il va lui-même me confirmer dans mon
opinion.

— Monsieur, dit alors le vieux jardinier, je crois avoir
donné à Mˡˡᵉ Jeanne des notions de botanique qui l'ont assez
intéressée pour qu'elle ait pris goût à cette science. Plus tard,
nous étudierons les familles, les genres, les espèces et les

différentes méthodes de classification. Je ne me suis appliqué, cette fois, qu'à présenter un aperçu général de l'histoire du règne végétal, et j'ai écarté avec soin les mots barbares et difficiles à retenir. Ainsi je n'ai même pas prononcé le nom de cotylédon.

— En cela, vous avez peut-être eu tort, Clément, dit M. de Chanzy ; ce mot est utile à connaître, et je pense que Jeanne le retiendra facilement. Expliquez-lui donc sa signification.

— Le vieux jardinier, suivant le conseil de M. de Chanzy, dit alors à Jeannette :

— Vous avez assisté à la naissance de plusieurs plantes, et vous avez vu sortir de terre, au début, deux petites feuilles vertes. Ces petites feuilles sont remplies de matière nutritive qui sert à nourrir le premier bourgeon. A cause de cela et aussi à cause de leurs formes, on les a appelées *cotylédons*, ce qui, en grec, signifie écuelle. Mais, parmi les deux cent mille espèces de plantes qui couvrent la terre, il en est qui, à leur naissance, ne montrent qu'un cotylédon, le blé, par exemple ; d'autres n'en possèdent point du tout, tels sont les champignons. Ces différences ont permis de diviser les plantes en trois grandes classes ainsi nommées : les *dicotylédonés*, végétaux qui ont deux cotylédons ; les *monocotylédonés*, végétaux qui ont un seul cotylédon, et *acotylédonés*, végétaux qui ne possèdent pas de cotylédons. Si vous pouvez garder ces noms dans votre mémoire, ils vous serviront un jour.

Jeannette se les fit répéter, puis elle les redit très gentiment, sans se tromper, au grand plaisir de M. de Chanzy.

Elle finissait à peine quand un domestique ouvrit la porte
de la serre, portant une lettre sur un plateau.

Et ce fut au milieu du plus profond étonnement de tous qu'il
prononça correctement ces paroles :

— Une lettre pour Mlle Jeanne de Chanzy !

XL

LA LETTRE.

« Une lettre pour Mlle Jeanne de Chanzy ! » quelle émotion,
à degrés différents, cela mit dans la société !

Mme de Chanzy regarda son mari pour l'interroger. Un geste
imperceptible la rassura. Évidemment M. de Chanzy savait quelque chose.

Une sorte de pressentiment passa dans l'esprit d'Yvonne.

Qui donc pouvait écrire à sa petite sœur? ne serait-ce pas...?
Elle s'arrêta, n'osant rien supposer.

Jeanne, devenue d'abord très rouge, avait retrouvé bientôt
sa hardiesse naïve.

Pour elle, cette lettre était la réponse de l'oncle de Georges;
réponse favorable, elle n'en faisait pas doute. Sans cela, monsieur l'oncle n'aurait pas écrit. Son raisonnement semblait juste.

On allait lui demander des explications; elle les donnerait
en dévoilant la vérité. On lui pardonnerait certainement; bien
plus, on la remercierait.

Jeannette pensait cela, et Jeannette n'avait pas tort.

Cependant le domestique tenait son plateau, attendant un
ordre de ses maîtres.

— Eh bien, lui dit M. de Chanzy, remettez la lettre à
M\ :sup:`lle` Jeanne.

Sur un signe de M\ :sup:`me` de Chanzy, le vieux jardinier sortit avec
le petit Jean.

Jeannette tournait la lettre entre ses menottes, assez embarrassée.

— Lis, mon enfant, dit M. de Chanzy, et apprends-nous ce
qu'on t'écrit.

Alors Jeanne déchira l'enveloppe et, d'une voix altérée par
une douce émotion, elle lut ce qui suit :

        « Ma chère enfant,

    « Le sacrifice que vous a dicté votre bon cœur est devenu
inutile.

« Les obstacles sont aujourd'hui aplanis, et rien ne s'oppose plus au mariage de votre chère sœur Yvonne avec mon neveu Georges de Villeray.

« C'est vous que je charge d'apprendre cette bonne nouvelle à votre famille en souvenir de la lettre que vous m'avez écrite et en félicitant M. et Mme de Chanzy d'avoir une petite fille telle que vous.

« Votre affectionné,

« DE VILLERAY. »

Jeanne finissait à peine sa lecture que déjà Yvonne l'avait prise dans ses bras et la couvrait de baisers. La grande sœur ne savait pas au juste ce qu'avait fait la petite sœur; mais elle voyait qu'une bonne action était venue de son initiative, et elle la remerciait de l'heureuse nouvelle dont elle s'était faite la charmante messagère.

Mme de Chanzy attendait que son mari parlât afin d'avoir l'explication du mystère qui entourait encore à ses yeux la conduite de Jeannette.

M. de Chanzy, qui avait gardé le secret, comme il l'avait promis, fit cependant l'ignorant et demanda, avec bonté, des explications à son enfant.

Alors Jeanne raconta tout : sa lettre écrite en cachette à monsieur l'oncle, l'offre de sa dot, l'attente de Suzon, la fuite à travers les bois pour gagner la poste et la rencontre du charbonnier.

Quoiqu'il y eût, au fond de cette conduite, quelque chose de légèrement blâmable. on ne pouvait, en pareilles circonstances.

qu'approuver l'idée généreuse qui avait guidé Jeannette. Aussi l'aimable facteur choisi par M. de Villeray fut-il embrassé avec effusion par M. et Mme de Chanzy.

La bonne nouvelle contenue dans la lettre envoyée à Jeanne fut confirmée le soir par des lettres de M. de Villeray et de son neveu adressées directement cette fois à M. de Chanzy.

M. de Villeray annonçait son arrivée en compagnie de son neveu pour la fin de la semaine.

Jeannette, participant de tout son cœur à la joie commune, s'occupait activement de son jardin et de sa serre; elle voulait qu'ils fussent admirablement en ordre pour recevoir dignement son ami Georges et monsieur l'oncle.

Le vieux jardinier se prêtait avec bienveillance aux désirs de Jeanne, et bientôt tout fut en état.

XLI

LE BOUQUET DE JEANNE.

Le samedi soir, une voiture entrait dans la cour du château. Elle amenait de la gare voisine les hôtes si impatiemment attendus.

Dans l'émotion douce et un peu embarrassée des saluts et des serrements de mains, on oubliait Jeannette.

Elle se tenait, la chère petite, dans un coin du grand salon, appuyée contre un fauteuil, n'osant bouger, comprenant qu'elle ne devait pas troubler la gravité de cette réception.

Georges parlait à sa fiancée. M. de Villeray expliquait en quelques mots à M. et Mme de Chanzy les heureux revirements de sa fortune; il disait toute sa joie d'avoir pu aplanir les obstacles qui s'opposaient au bonheur d'Yvonne et de Georges; mais, tout à coup, il s'arrêta :

— Et Jeanne, dit-il, j'oubliais Jeanne ! Où donc est-elle ? Il faut que je l'embrasse et que je lui dise combien je l'aime !

Alors Jeannette, s'avança d'abord, timide, puis, voyant les bras tendus de M. de Villeray, elle s'y élança en murmurant :

— Ah ! monsieur l'oncle, que je vous remercie !...

— Pourquoi ce remerciement ?

— Parce que vous m'avez choisie pour apprendre à papa, à maman et à Yvonne une nouvelle qui les a rendus contents.

— N'était-ce point tout naturel puisque je te devais une réponse ?

— Oui, mais c'est bien gentil tout de même... merci !

Et, ce disant, Jeanne sauta des bras de M. de Villeray pour aller vers Georges, qui l'attendait à son tour.

Georges aussi avait pour Jeannette un réel sentiment de gratitude qu'il lui exprima avec affection. Puis, voulant la prendre par son côté faible, il s'empressa de lui parler de son jardin.

— Ah ! s'écria Jeanne avec une satisfaction qu'elle ne cherchait point à dissimuler, il est magnifique ! Tu viendras t'y promener demain matin, n'est-ce pas ? J'ai beaucoup de choses à te faire voir, sans compter la serre !

— La serre ?

— Une serre que petit père m'a fait construire et où Clément a réuni les plus belles fleurs des pays étrangers. Tu verras !...

Le lendemain, en effet, Georges ayant à son bras sa jeune fiancée, M. de Villeray et M. et Mme de Chanzy entraient dans le jardin de Jeanne.

Celle-ci ouvrait la marche, et le petit François la fermait... de loin, car il avait peur d'être vu.

Georges et son oncle remarquaient l'excellente tenue du jardin de Jeannette, le goût exquis qui présidait à la distribution de ses corbeilles et de ses massifs, aux tracés des allées et des sentiers, au choix des arbres et des plantes.

Sous l'influence de l'atmosphère chaude de la serre, emplie d'odeurs rares, évoquant les images de contrées lointaines, offrant des couleurs de mille nuances qui plaisaient aux yeux, les visiteurs exprimèrent leur vive admiration.

— Ma chère petite Jeanne, dit M. de Villeray, reçois tous mes compliments !

— Et joins-y les miens ! ajouta Georges, très sincère.

Jeannette, étonnée et rougissant, disparut sans répondre.

On la vit bientôt revenir, tenant par la main son vieux jardinier et l'amenant malgré lui.

19

— C'est Clément qu'il faut féliciter, dit-elle alors, c'est lui qui mérite réellement vos éloges. Mon jardin et ma serre ne sont devenus tels que vous les trouvez aujourd'hui que grâce à ses soins et à ses travaux continuels. Tu vois, dit-elle en s'adressant au jardinier, tout le monde te complimente et, moi, mon bon Clément, je te remercie !

En disant cela, elle embrassa le vieux jardinier réellement fort ému.

Cependant M. de Villeray examinait les plantes aquatiques quand ses regards se mirent à sonder le fond du bassin.

— Mais, s'écria-t-il, je ne vois pas de poissons !

— Il n'y en a pas, répondit Jeanne.

— Il faut qu'il y en ait ! Une pièce d'eau sans poissons, c'est un jardin sans fleurs.

— Comment faire pour en avoir ? murmura Jeannette.

— Ne t'inquiète point de cela, ma petite amie, reprit M. de Villeray, je me charge de peupler cette eau déserte.

Jeanne ne dit mot, mais quelques jours après cette promesse elle reçut un aquarium que M. de Villeray avait fait venir de Paris, et qui renfermait les plus jolis poissons du monde.

Aidée de Clément et accompagnée de son ami Jean et du petit François, elle fit le transvasement de ces habitants du monde marin aux formes et aux couleurs merveilleuses.

Au milieu de cette délicate opération, Jean manqua même de faire un plongeon semblable à celui de François, et ce fut Jeannette qui le sauva du naufrage.

Le bonheur avait fait sa rentrée au château de Chanzy, et le jour du contrat s'approchait.

Les châtelains des environs et toutes les notabilités voisines avaient reçu des invitations. Le contrat devait être signé le soir au milieu d'une réception brillante. M. de Chanzy, très aimé dans le pays, avait voulu que tout le monde prît part à la fête. Le parc, garni de lanternes vénitiennes accrochées aux arbres, s'illuminant de feux de Bengale qui donnaient aux feuillages des aspects fantastiques, les découpant en silhouettes imprévues sur le ciel endormi, offrit à tous venants son hospitalité. Des danses s'organisèrent aux sons des violons que M. de Chanzy avait loués pour la nuit, et la fanfare du village vint donner aux fiancés ses plus belles sérénades.

Le château, éclairé de toutes parts, laissait par les fenêtres s'échapper à flots la lumière.

Le notaire, cravaté de blanc, venait d'une voix solennelle de lire le contrat de mariage de Mlle Yvonne de Chanzy et de M. Georges de Villeray. Les jeunes fiancés, assis l'un près de l'autre, la main dans la main, se regardaient en silence. Le père et la mère d'Yvonne ainsi que l'oncle de Georges contemplaient ce bonheur avec une bienfaisante émotion.

Depuis quelques instants, Jeanne avait furtivement quitté le salon.

Bientôt elle reparut, s'avançant doucement vers les fiancés et portant un superbe bouquet composé des fleurs les plus précieuses. Dans les mains entrelacées d'Yvonne et de Georges, elle le déposa.

Et alors elle dit simplement, mais dans toute la joie de son petit cœur :

— Ce sont des fleurs de mon jardin !...

FIN

TABLE DES MATIERES

FIN

Imp. Oinnès & Cⁱᵉ, 75, rue Rochechouart, Paris-1927.

www.ingramcontent.com/pod-product-compliance
Lightning Source LLC
Chambersburg PA
CBHW070240200326
41518CB00010B/1627